ARBEITSGEMEINSCHAFT FÜR FORSCHUNG DES LANDES NORDRHEIN-WESTFALEN

NATUR-, INGENIEUR- UND GESELLSCHAFTSWISSENSCHAFTEN

91. SITZUNG
AM 14. OKTOBER 1959
IN DÜSSELDORF

ARBEITSGEMEINSCHAFT FÜR FORSCHUNG
DES LANDES NORDRHEIN-WESTFALEN

NATUR-, INGENIEUR- UND GESELLSCHAFTSWISSENSCHAFTEN

HEFT 116

GEORG HUGEL

Über Petrolchemie

HERAUSGEGEBEN
IM AUFTRAGE DES MINISTERPRÄSIDENTEN Dr. FRANZ MEYERS
VON STAATSSEKRETÄR PROFESSOR Dr. h. c. Dr. E. h. LEO BRANDT

GEORG HUGEL

Über Petrolchemie

SPRINGER FACHMEDIEN WIESBADEN GMBH

ISBN 978-3-322-98206-3   ISBN 978-3-322-98893-5 (eBook)
DOI 10.1007/978-3-322-98893-5

Über Petrolchemie hier in Deutschland zu sprechen, wo so Vieles und umwälzend Neues beigetragen wurde und wird, ist keine leichte Angelegenheit. Dieselbe wird noch dadurch erschwert, daß das Gebiet der Petrolchemie sich sozusagen von Tag zu Tag ausweitet. Aus der überreichen Fülle des Materials das Wichtigste herauszugreifen, und es dann zu einem klaren, abgerundeten Bild zu gestalten, erscheint als ein fast unmögliches Unterfangen. Jedoch möchte ich versuchen, Ihnen etwas von der Begeisterung und dem Vertrauen in die Zukunft zu übermitteln, welche alle diejenigen ergreifen, die sich ernsthaft mit diesem Gebiet beschäftigen. Keine Wissenschaft hat sich so sehr um das Wohl der Menschheit verdient gemacht, wie gerade die Petrolchemie. Gibt es eine höhere Aufgabe als den Menschen zu bekleiden, seine Schmerzen zu lindern, seinen Hunger zu stillen, seine Wohnung behaglich zu gestalten? Das alles macht die Petrolchemie und noch viel mehr, das im hastenden Alltag uns gar nicht zum Bewußtsein kommt. Diese schönen Resultate wurden durch eine Unmenge von wissenschaftlicher und technischer Kleinarbeit erreicht, aus welcher die Arbeiten einiger ganz großer Chemiker herausragen, von denen ich speziell nennen möchte: *Ipatieff*, *Pier*, *Franz Fischer*, *Carother*, *Ziegler* usw.

Das Rohmaterial

Petroleum liefert der Petrolchemie als Rohmaterialien in der Hauptsache Kohlenwasserstoffe. Aus der ungeheuer großen Anzahl von Kohlenwasserstoffen, die im Petroleum vorhanden sind, werden bis jetzt bloß einige wenige gewonnen, auf deren Verwendung sich die ganze Petrolchemie aufbaut.

Da sind in erster Linie zu nennen die flüchtigsten Paraffine, also gesättigte, offenkettige Kohlenwasserstoffe, als da sind Methan, Äthan, Propan, Normal- und Isobutan, Pentane. Die Bedeutung von Leichtpetroleum und Paraffinwachs ist verhältnismäßig gering.

Die Paraffine dienen hauptsächlich zur Herstellung von Olefinen, also ungesättigten Kohlenwasserstoffen. So erhält man z. B. aus Propan durch Speed-Cracking, das ist thermisches Kracken bei sehr hoher Temperatur und ganz kurzer Verweilzeit, Äthylen und Methan, nach folgender Gleichung:

$$C_3H_8 = C_2H_4 + CH_4$$
(Arbeiten von Prof. *Schultze*, 1938)

Diesem Verfahren ist durch das Steam-Cracking eine wichtige Konkurrenz entstanden, da es dabei gelingt, bis zu 70% verschiedener Petroleumfraktionen bis zum Gasöl in die reaktiven Olefine und Diolefine aufzuspalten. Steam-Cracking bedeutet Kracken in Gegenwart von Wasserdampf. Man erhält dabei ein Gemisch, welches ungefähr folgendermaßen zusammengesetzt ist:

Tabelle I

Steam cracking

Fraktionen	Hauptsächliche Verwendung
15% Äthylen	Äthylenalkohol, Äther, Äthylchlorid, Äthylenoxyd und seine Derivate (Glykol, Polyäthylenglykole), Polythen, Styrol, Vinylchlorid
13% Propylen	Isopropanol, Azeton und Derivate, Propylenoxyd, Comol, Phenol, Tripropylen und Derivate (Oxo-Alkohol C_{10} und Weichmacher), Tetrapropylen und Derivate (Oxo-Alkohol C_{11} und Detergents), Alkylchlorid, Glycerin
7% Butene	Sek. Butylalkohol, Methyl-Äthyl-Keton, Polyisobutylene, Butylkautschuk, Octylphenol
4% Butadiene	Kautschuk G.R.S. und G.R.N., Plastische Copolymere, Nylon
1% Isopren	Butylkautschuk
1% Cyclopentadien	Insektizide, Synthetische Harze
2% Benzol	Lösungsmittel, Waschhilfsmittel, Phenol und Derivate, Styrol, Farbstoffe, Insektizide, Chlorbenzole
21% Aromaten	Lösungsmittel, Organische Synthese, Carbon-black
6% harzige Destillate	Papierindustrie, Tinten, Anstrichfarben, Fußbodenbekleidung, Kautschuk

Die kleinste, noch ökonomische Kapazität, um das Äthylen aus den Krackgasen abzuscheiden, ist in Europa 20 000 Jato. Der Starkprozeß könnte das Äthylen für 6 Franken (ungefähr 0,50 DM) das Kilo liefern, aber die Kapazität muß bis auf 20 000 Jato rein Äthylen erhöht werden, wodurch die Frage nach der Verwendung der Nebenprodukte ein schwieriges Problem wird, selbst für die USA.

Tabelle II gibt ein Bild von dem Verbrauch an Olefinen in den USA für das Jahr 1956 und die Verteilung auf die verschiedenen Umwandlungsmöglichkeiten.

Tabelle II

Verbrauch an Olefinen in den USA 1956

Äthylen	3600 million lb.,	davon	$29^0/_0$ Glykole und Äthylenoxyd, $22^0/_0$ Äthylalkohol, $13^0/_0$ Halogenderivate, $17^0/_0$ Polythen, $10^0/_0$ Styrol
Propylen	1839 million lb.,	davon	$58^0/_0$ Isopropylalkohol, $21^0/_0$ Tetramer, $6^0/_0$ Trimer, $4^0/_0$ Propylenglykole, $3^0/_0$ Glycerin
n-Butylen	2522 million lb.,	davon	$88,7^0/_0$ Butadien, $11,3^0/_0$ sek. Butylalkohol
Isobutylen	233 million lb.,	davon	$69,9^0/_0$ Butylkautschuk, $6,9^0/_0$ tert. Butylalkohol, $10,7^0/_0$ Diisobutylen, $12,8^0/_0$ Polyisobutylen

Als weitere Rohmaterialien haben wir die aromatischen Kohlenwasserstoffe Benzol, Toluol und Xylole, die in steigendem Maße nun auch aus Petroleum durch Dehydrieren und Isomerisation der Naphtene gewonnen werden. Tabelle III gibt einen Überblick über den Verbrauch und die prozentuale Verteilung ihrer Verwendung.

Tabelle III

Verwendung der aromatischen Kohlenwasserstoffe in den USA im Jahre 1956

Benzol	Total-Verbrauch million Gal.	Styrol	Phenol	Nylon	Anilin	chlorierte Derivate	Waschhilfsmittel	Brennstoff
	355,5 davon $33^0/_0$ aus Petroleum	$39,1^0/_0$	$19,7^0/_0$	$7,0^0/_0$	$5,6^0/_0$	$10,0^0/_0$	$5,9^0/_0$	$0,6^0/_0$

Toluol		Flugzeug-Brennstoff	Chemische Produkte	Sprengstoffe	Lösungsmittel Verdünnungsmittel für Anstrichfarben
	173,6 davon $75^0/_0$ aus Petroleum	$45,6^0/_0$	$19,4^0/_0$	$13,1^0/_0$	$21,9^0/_0$

Xylole	136,3 davon $91^0/_0$ aus Petroleum	Lösungsmittel Tergal Zusatzmittel zu Schmierölen

Ich möchte dann noch das Azetylen erwähnen, das man schon längst über das Kalziumkarbid herstellte. Aber auch hier hat die Petroleumindustrie entscheidende Fortschritte gemacht. Bringt man Methan plötzlich auf eine sehr hohe Temperatur (etwa 1600°C), so erhält man Azetylen und Wasserstoff nach der Gleichung:

$$2\,CH_4 \rightleftharpoons C_2H_2 + 3\,H_2$$

Die zu überwindende Schwierigkeit besteht in der Wärmeübertragung. Entweder erwärmt man das Gas von innen heraus, z. B. durch den elektrischen Lichtbogen, dazu braucht man aber ebensoviel kW, wie wenn man den Umweg über das Kalziumkarbid nimmt, oder man verbrennt einen Teil des Methans zu Kohlenoxyd und muß dann eine Verwertung für die Abgase finden; oder man erhitzt von außen und stößt dann auf Schwierigkeiten wegen des Wandmaterials, welches den hohen Temperaturen genügend Widerstand leistet. Zur Zeit ist der Prozeß der inneren Verbrennung des Methans mittels Sauerstoff im Mittelpunkt des Interesses. Er konnte dadurch verbessert werden, daß man die Abgase zum Anheizen mittels Brenner benutzt, wobei gleichzeitig Äthylen erzeugt wird. Nach dem Verfahren von Eastman oder von Hoechst werden bis zu 58% von Benzin oder Schwerölen durch teilweise Oxydation mit Sauerstoff oder Luft in ein Gemisch von gleichen Teilen Azetylen und Äthylen umgewandelt.

Azetylen ist Ausgangsmaterial zur Herstellung wichtiger Zwischenprodukte der organischen Synthese, wie z. B. Vinylchlorid und Vinylacetat, Acrylonitril, Neopren, Essigsäure, chlorierte Lösungsmittel. Die Aufzählung erhebt keinerlei Anspruch auf Vollständigkeit.

Die Herstellung der Rohmaterialien und ihre Umwandlung in reaktionsfreudige Substanzen gehört nicht zum eigentlichen Gebiet der Petrolchemie. Trotzdem ist die Suche nach neuen Ausgangssubstanzen als ein wichtiger Teil der Forschungsarbeit in diesem Fach aufzufassen. So steht die Auffindung neuer polymerisationsfähiger, ungesättigter Verbindungen immer noch im Vordergrunde, obschon vieles in dieser Hinsicht geleistet worden ist. In neuester Zeit kamen folgende ungesättigte neue Verbindungen auf den Markt: Vinylidenfluorid, Trifluorchloräthylen, Hexafluorpropylen. Das sind Substanzen, in denen die Doppelbindung durch Ersatz von Wasserstoffatomen mittels Fluor aktiviert ist. Die daraus hergestellten Polymerisate zeichnen sich durch eine sehr große Beständigkeit gegenüber Hitze und chemischen Reagenzien aus, Eigenschaften, die schon beim ersten Vertreter dieser Klasse, dem Teflon, das Polymerisationsprodukt des Tetrafluoräthylens, die Aufmerksamkeit auf sich zogen.

Diese sind so wertvoll, daß man auch in gesättigte Verbindungen Fluor einführt, z. B. in Alkohole, und diese fluorierten Alkohole zur Veresterung von Polyacrylsäuren verwendet.

Aus dem Felde von neuen Monomeren möchte ich noch Arbeiten russischer Forscher erwähnen, die sich vom Cyclopropan ableiten. Cyclopropan verhält sich in mancher Hinsicht wie eine ungesättigte Verbindung, da der Dreikohlenstoffring leicht aufzuspalten ist.

Es wurde nun versucht, durch Einführung ungesättigter Gruppen diese Aufspaltungsarbeit zu erniedrigen, wie z. B. im Phenylcyclopropan, das man mit dem Styrol vergleicht. Diese Untersuchungen haben auch tatsächlich gezeigt, daß eine Konjugation zwischen dem Phenylkern und dem Cyclopropanring besteht. Analog verhält sich das Vinylcyclopropan, das mit dem Butadien in Parallele gesetzt wird. (Arbeiten aus dem Institut für organische Chemie der Akademie der Wissenschaften, Moskau.)

Die Endprodukte

Die aus den Rohmaterialien hergestellten Endprodukte lassen sich nach ihrem Verwendungsgebiet in vier Kategorien einreihen. Es sind folgende Klassen zu unterscheiden:
1. Lösungsmittel und Weichmacher
2. Synthetischer Kautschuk, Kunststoffe und Textilien
3. Biologische Anwendung, Insektenvertilgungsmittel, pharmazeutische Produkte
4. Waschhilfsmittel

Tabelle IV gibt eine quantitative Übersicht.

Tabelle IV

Prozentuale Verteilung der Produktion an Petrolchemikalien auf die verschiedenen Anwendungsgebiete

20%	Synthetischer Kautschuk
17%	Automobil- und Flugzeugindustrie
15%	Synthetische Textilfasern
14%	Kunststoffe
11%	Landwirtschaft
9%	Waschhilfsmittel
8%	Baumaterialien
6%	Verschiedenes

Diese Einteilung nach Verwendungsarten ist auch begründet durch die
chemische Konstitution. Wie wir noch sehen werden, besteht ein enger
Zusammenhang zwischen chemischer Konstitution und Anwendungs-
möglichkeiten. Wir haben dem auch Rechnung getragen dadurch, daß
wir verschiedene Gebiete zusammenfaßten, wenn es durch übereinstim-
mende Eigentümlichkeiten in der Konstitution gerechtfertigt erschien,
wie z. B. die synthetischen Kautschuke, Kunststoffe und Textilien, die
unter dem Sammelnamen „hochpolymere Stoffe" in die organische Chemie
eingegangen sind. Das gemeinsame Merkmal ist in diesem Falle ein sehr
großes Molekulargewicht.

Lösungsmittel und Weichmacher

Die billigsten und daher gebräuchlichsten Lösungsmittel werden direkt
aus dem Petroleum durch Fraktionieren gewonnen, wie Leicht- und
Schwerbenzin, White Spirit, Kerosen. Andere werden aus den Olefinen
durch chemische Reaktion erzeugt, wie Äthylalkohol, sek. Propylalkohol,
Butylalkohole, Azeton, Methyläthylketon, Methylisobutylketon und andere
mehr.

Die großartige Entwicklung der Lösungsmittelindustrie in den letzten
30 Jahren nahm als Ausgangspunkt die Herstellung von Lacken und
Firnissen für die Automobilindustrie auf Nitrozellulosebasis. Die rasche
Trockenfähigkeit, die Härte des Anstriches, seine Widerstandskraft gegenüber den Einwirkungen von Licht, Kälte, Regen, Benzin, Ölen waren von
allererster Wichtigkeit für diesen Erfolg. Aber das war nur der Anfang
eines stürmischen Ausbaues, der immer noch weiter geht. Ich erinnere an
die Umwälzungen auf dem Gebiet der Anstrichfarben, wo die Alleinstellung
des Leinöles schwer erschüttert und die altbekannten Ölfarben durch
ganz neuartige Produkte ersetzt wurden. Die neuen Anstrichfarben,
welche nicht tropfen, direkt auf feuchte Wände gestrichen werden können,
rasch trocknen, selbst Hypochloritlauge vertragen, dienen nicht nur zur
Verschönerung, sondern sind als ein Baumaterial zu betrachten, welches
zur Erhaltung und Sanierung unserer Wohnungen beiträgt.

Vom fabrikationstechnischen Standpunkt aus ist es sehr wichtig, das
Lösungsvermögen einer Flüssigkeit zu bestimmen und wenn möglich,
wenigstens qualitativ voraussagen zu können. Es gibt nun einige Regeln
über den Zusammenhang von Konstitution und Lösungsvermögen,
welche jedem Chemiker, der präperativ tätig ist, geläufig sind.

Nach steigendem Lösungsvermögen geordnet, haben wir zunächst die aliphatischen, gesättigten Kohlenwasserstoffe, wie z. B. Pentan, Hexan, Heptan usw.

Zyklisierung erhöht die Kapazität des Lösungsmittels. So ist Cyclohexan schon ein besseres Lösungsmittel als Hexan. Doppelbindungen haben dieselbe Wirkung. Zum Beispiel das hoch ungesättigte Benzol ist schon ein gutes Lösungsmittel. Durch Einführung von Fremdatomen, wie Halogen, Sauerstoff, Schwefel, Stickstoff usw. kann das Lösungsvermögen noch weiter gesteigert werden.

Wir verlassen die Kohlenwasserstoffe und kommen zu deren Chlorderivaten, den Alkoholen, Estern, Ketonen, Äther, Nitroverbindungen und Aminen. Man kann zwei oder mehr Funktionen in einem Molekül vereinigen wie z. B. im Äthyllactat

$$CH_3-CH-CO_2C_2H_5$$
$$\diagdown$$
$$OH$$

und eine weitere Steigerung der Löslichkeit erzielen. Dabei muß man aber die Möglichkeit in Betracht ziehen, daß der Schmelzpunkt so sehr erhöht wird, daß die Substanz bei gewöhnlicher Temperatur fest ist. Es müssen also im Molekül noch solche Konstitutionseigentümlichkeiten vereint werden, daß eine Flüssigkeit resultiert. Dies kann dadurch erreicht werden, daß aliphatische Ketten in das Molekül eingebaut, oder schon vorhandene verlängert oder verzweigt werden. Auf der Beobachtung fußend, daß symmetrische Moleküle im allgemeinen einen höheren Schmelzpunkt besitzen, wird man danach trachten, das Molekülgebilde so asymmetrisch wie möglich zu gestalten.

So wurden neue Lösungsmittel entdeckt wie das Dimethylsulfoxyd, das sowohl mit Wasser als auch vielen organischen Lösungsmitteln verdünnt werden kann und ungeahnte Möglichkeiten für chemische Reaktionen eröffnete.

Das Lösungsvermögen allein ist noch nicht bestimmend für die Verwendungsmöglichkeit einer Flüssigkeit als Lösungsmittel. So kann man in der Lack- und Firnisindustrie bloß solche Substanzen als Lösungsmittel verwenden, welche keinen starken und hartnäckig anhaftenden Geruch besitzen. Sie müssen auch ungiftig sein. Der Preis hat ebenfalls eine große Bedeutung.

Die Weichmacher sind Lösungsmittel, deren Siedepunkt so hoch ist, daß sie dauernd dem plastischen Material einverleibt werden.

Im allgemeinen hat der Weichmacher die Eigenschaft, die Substanz in Lösung zu halten bis zum Ende des Trockenvorganges.

Ein guter Weichmacher verliert sozusagen seine Individualität; er verhindert endgültig eine Absonderung oder Kristallisation des plastischen Materials. Er vermindert seine Sprödigkeit und erleichtert die Verformung unter Druck und bei geeigneter Temperatur. Die Wahl eines geeigneten Weichmachers ist von Wichtigkeit, da er mitbestimmend ist für die Eigenschaften des Endproduktes. Als Beispiel führen wir an: Campher, Rizinusöl, Butylphtalat, Octylphtalat.

Synthetischer Kautschuk, Kunststoffe und Textilien

Wie schon eingangs erwähnt, kommen wir nun in das Gebiet der hochmolekularen Substanzen. Die Aufklärung ihrer Konstitution verdanken wir der Pionierarbeit von *Staudinger*. Nehmen wir das Isobutylen C_4H_8 mit Molekulargewicht 56 und polymerisieren wir es mit Borfluorid als Katalysator bei ungefähr —100°C zu einem hochpolymeren, kautschukartigen Material von ungefähr 100 000 als Molekulargewicht, so will das heißen, daß im Mittel 2000 Moleküle Isobutylen zu einem einzigen Riesenmolekül vereinigt wurden. 100 000 kann als untere Grenze für das Molekulargewicht hochpolymerer Stoffe betrachtet werden. Ihre zahlreichen übereinstimmenden Eigenschaften bedingen, daß man sie unter dem Namen Kolloide zusammengefaßt hat. Aber das Molekulargewicht allein genügt nicht, um solche Stoffe zu charakterisieren. Es hat sich nämlich ergeben, daß Substanzen gleicher Zusammensetzung und desselben Molekulargewichtes sich sehr verschieden verhalten können.

Es mußte also nach anderen Merkmalen gesucht werden. In dem Aufbau dieser Riesenmoleküle wurde der Grund für diese Verschiedenheiten gefunden. Der Zusammenschluß der Monomeren kann auf sehr verschiedene Art und Weise erfolgen, ungefähr wie das Aufreihen von Perlen auf einer Schnur. Der einfachste denkbare Fall ist der, wenn die Perlen eine neben die andere gesetzt werden, um eine durchgehende Kette zu bilden. Man spricht dann von einer geradlinigen Kette. Im allgemeinen verläuft aber die Reaktion komplizierter, es entstehen Verzweigungen, manchmal nur wenige und kleine, manchmal auch große und zahlreiche, so daß nicht mehr von einer langgestreckten Kettenstruktur gesprochen werden kann. Es ist dann richtiger, von einem Molekülknäuel zu sprechen.

Die ersten synthetischen Kautschuke, welche kaum noch mit dem natürlichen Kautschuk verglichen werden konnten, hatten eine solche verzweigte Struktur, während der Naturkautschuk eine geradlinige Struktur besitzt. Nach und nach konnte das Polymerisationsverfahren ausgebildet werden, und je mehr man sich dem idealen Vorbilde des Naturproduktes näherte, desto mehr besserten sich auch die Eigenschaften.

Diese Beobachtung gestattete im weiteren Verlauf der Forschung, vielversprechende Fortschritte auf dem Gebiete kautschukelastischer Stoffe durch die Herstellung von Propfpolymeren zu machen. Es werden Vinyl- oder Acrylmonomere mit natürlichem Kautschuk zusammengebracht. Die zur Propfung notwendigen freien Radikale werden dabei an der Polymerenkette erzeugt, indem man durch starke Scherkräfte Kohlenstoffbindungen sprengt. Durch die Anpolymerisation von Acrylester und/oder Acrylnitril werden gewisse Eigenschaften des natürlichen Kautschuks, wie die Widerstandsfähigkeit gegen Lösungsmittel und auch die Abriebfähigkeit, verbessert.

Bei der Blockpolymerisation beginnt man die Reaktion mit einem Monomeren A und beendet das Wachstum der Kette durch Zugabe eines Monomeren B, so daß sich ungefähr folgendes Bild ergibt (Tabelle V).

Ganz anders ist der Vorgang bei der gewöhnlichen Copolymerisation, bei der zwei oder mehrere Monomere gemischt und sich gleichzeitig zu einem großen Molekül zusammenschließen. Hier kann man zwei Grenzfälle unterscheiden, je nachdem die Zusammensetzung des Copolymeren gleich der der Monomeren ist, oder wo das Copolymere alternierend aus beiden Monomeren in äquimolekularem Verhältnis besteht, ganz unabhängig von der Zusammensetzung des Monomerengemisches.

Die überwiegende Mehrzahl aller Fälle aber ist eine Überlagerung dieser beiden Grenztypen. Die Zusammensetzung des Copolymeren hängt dabei weitgehend vom Zufall ab.

In den Naturprodukten, wie z. B. beim Heveakautschuk, sind die Monomere sehr regelmäßig angeordnet. Die einzelnen Isoprenmoleküle verbinden sich in 1-4-Position, und zwar in cis-Stellung.

Dank der Arbeiten von *Ziegler* und von *Natta* ist es nun gelungen, die Natur nachzuahmen und Hochpolymere zu synthetisieren, bei denen nicht nur die Molekulargröße in sehr engen Grenzen variiert, sondern auch eine sehr regelmäßige Anordnung der Monomere erreicht wird. Diese neuen Hochpolymere können kristallisieren, das heißt, daß die Ketten sich gegenseitig zu einem regulären Gefüge orientieren. Man nahm zuerst an, daß die

Tabelle V

geradlinige Kette

verzweigte Kette

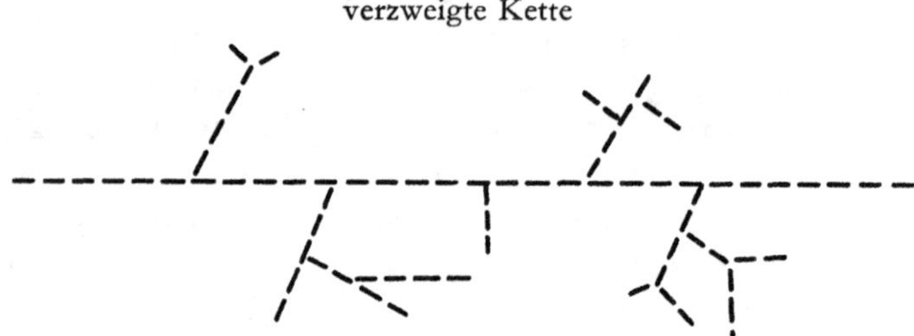

Propfpolymere

```
            B
   B   B    B
A A A A A A A A A A A A
            B B
```

Blockpolymere

```
            B B B B B A A A A A A A A A A B B B
```

Copolymerisation		Idealer Fall:	
A A A A	B B	A A B A A A A B B A B A A B B B B A B A A A A A	
A A A A	B B	polymerisiertes Molekül	
A A A A	B B	gleiche Zusammensetzung	
A A A A	B B	der alternierende Fall:	Rest Monomer
Zusammensetzung des		A B A B A B A B A B A B A B A B A	A A A A
monomeren Gemisches			A A A

Ketten im kristallinen Zustand einfache ebene Zick-Zack-Ketten darstellten. Es hat sich nun aber herausgestellt, daß die Ketten eine Helix bilden, das heißt eine spiralige Struktur besitzen, die auch in der Schmelze oder in konzentrierten Lösungen erhalten bleibt.

Die Art der spiraligen Struktur, bestimmt durch die Anzahl der Monomeren und der Windungen bis zur Wiederkehr einer identischen Struktur längs der gesamten Achse, die Länge der Identitätsperiode und der Durchmesser der Spirale, wird durch Polarität und Polarisierbarkeit der im Monomeren vorhandenen Substituenten sowie durch die sterische Anordnung beeinflußt.

Wir kommen nun zu den Polykondensationsprodukten. Die bekanntesten sind wohl das Nylon und das Terylen. Nylon ist ein hochmolekulares Polyamid, erhalten durch Vereinigung von Hexamethylendiamin und Adipinsäure unter Wasserabspaltung (Tabelle VI).

Terylen ist ein Polyglycol-terephtalat, welches durch Veresterung von Terephtalsäure und Glycol, also ebenfalls durch Wasserabspaltung, dargestellt wird (Tabelle VI).

Eine wichtige Verbesserung in der Herstellung solcher Kunststoffe wurde erzielt durch den Ersatz der Säuren durch Acylchloride, welche mit Diolen, Diaminen oder Diiminen unter Chlorwasserstoffabspaltung reagieren.

Infolge der großen Reaktionsfähigkeit der Acylchloride verläuft die Umsetzung sehr rasch und verläuft unter Bedingungen, unter denen ein Zerfall des Polymeren nicht stattfinden kann wie bei der Hochtemperaturpolykondensation. Sie führt daher zu hohen Molekulargewichten und ermöglicht die Synthese von Polyestern, Polyamiden und Polyurethanen mit hohen Schmelzpunkten.

Die Fähigkeit zu Fäden ausgezogen zu werden, ist durch die geradlinige Kettenstruktur bedingt. Man bezeichnet solche Gebilde als Fadenmoleküle. Durch Auswahl einer geeigneten Struktur der Ausgangsprodukte hat man es in der Hand, entweder langgestreckte Fadenmoleküle, verzweigte, oder selbst dreidimensionale Moleküle aufzubauen.

In den beiden letzteren Fällen liegen jedoch Stoffe vor, welche keine Fäden mehr bilden, aber als Lacke, Firnisse usw. verwertet werden können.

Biologische Anwendung

Die biologischen Anwendungen, speziell in der Agrikultur, verlangen oft große Mengen an Produkten. Die Petrolchemie und ihr Verteilungsapparat ist an große Quantitäten gebunden. Hochwertige pharmazeutische Produkte, welche in verhältnismäßig kleinen Mengen konsumiert werden, sind daher weniger interessant. Nun haben gewisse Petroleumfraktionen, allein oder in Verbindung mit chemischen Stoffen, eine ausgesprochene Wirkung auf die Physiologie gewisser Tiere und Pflanzen. Ihre möglichen Anwendungen sind daher zahlreich und von sehr verschiedenem Charakter. Man kann drei Kategorien unterscheiden:

Tabelle VI

$$\ldots + H_2N \cdot CH_2CH_2CH_2CH_2CH_2CH_2 \cdot NH_2 + HOOC \cdot CH_2CH_2CH_2CH_2 \cdot COOH +$$

Hexamethylendiamin   Adipinsäure

$$+ H_2N \cdot CH_2CH_2CH_2CH_2CH_2CH_2 \cdot NH_2 + \ldots =$$

$$, \ldots NH \cdot CH_2CH_2CH_2CH_2CH_2CH_2 \cdot NH \cdot \overset{\overset{\textstyle O}{\|}}{C} \cdot CH_2CH_2CH_2CH_2 \cdot \overset{\overset{\textstyle O}{\|}}{C} \cdot NH \cdot$$

Nylon

$$\times CH_2CH_2CH_2CH_2CH_2CH_2 \cdot NH \ldots$$

$$\ldots + HOCH_2CH_2OH + HOOC{-}\langle\;\rangle{-}COOH + HOCH_2CH_2OH +$$

Glycol   Terephtalsäure

$$+ HOOC{-}\langle\;\rangle{-}COOH + \ldots =$$

$$OCH_2CH_2{-}O{-}\overset{\overset{\textstyle O}{\|}}{C}{-}\langle\;\rangle{-}\overset{\overset{\textstyle O}{\|}}{C}{-}O{-}CH_2CH_2{-}O{-}\overset{\overset{\textstyle O}{\|}}{C}{-}\langle\;\rangle{-}\overset{\overset{\textstyle O}{\|}}{C}{-}O{-}CH_2{-}CH_2 \ldots$$

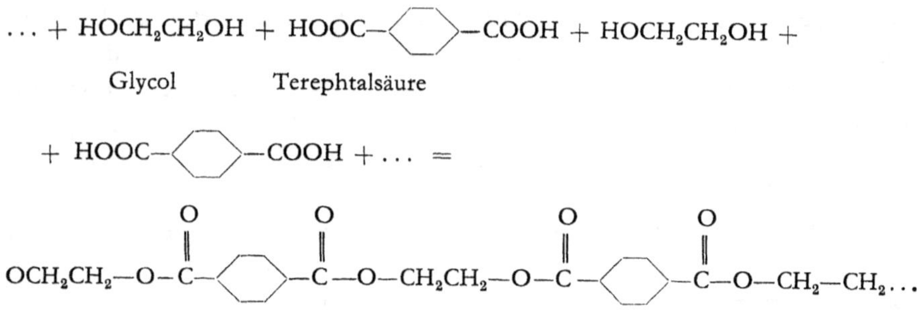

Terylen

Glyzerin + Phtalsäure

Glyptal

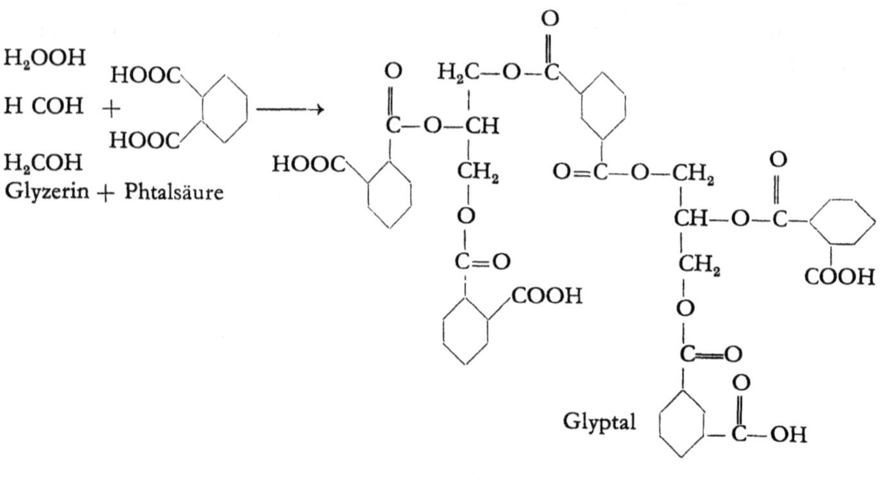

1. Insektenvertilgungsmittel zum Schutze des Menschen, der Lebensmittelvorräte und der Nutzpflanzen.
2. Pilz- und Schwammvertilgungsmittel, bakterizide Stoffe, die man unterscheiden kann in Konservierungsmittel für die Nahrung und Schutzmittel für Pflanzungen.
3. Unkrautvertilgungsmittel.

Diese Schädlingsbekämpfung ist durch den Eingriff des Menschen in die Natur, durch die Zerstörung des spezifischen Gleichgewichtes, notwendig geworden. Bedingt durch die Reichhaltigkeit des Materials ist leider eine ziemlich trockene Aufzählung nicht zu umgehen.

1a) Insektenvertilgungsmittel zum Schutze des Menschen. In Frage kommen Lösungen in Kerosen von DDT oder anderen stark chlorhaltigen Produkten, denen man je nach dem Gebrauch noch andere Substanzen hinzufügt. So zum Beispiel erhalten sie einen Zusatz eines oberflächenaktiven Stoffes zur Schnakenbekämpfung, damit eine rasche und vollständige Ausbreitung auf dem Wasser erzielt wird. Eine Schichtdicke von 2 bis 3 μ bei einem Gehalt von 0,5% DDT genügt. Beim Zerstäuben dieser Lösungen an den Zimmerwänden zur Bekämpfung der Fliegen und Mücken wird ein hochmolekularer Stoff hinzugesetzt, welcher die Kristallisation des DDT beim Verdampfen des Lösungsmittels herabsetzt, da man gefunden hat, daß kleine Kristalle des Insektenvertilgungsmittels sehr viel wirksamer sind als große.

1b) Insektenvertilgungsmittel zum Schutze von Lebensmittelvorräten. Wir nennen zu diesem Punkt zwei viel angewandte Stoffe, welche für die Petrolchemie charakteristisch sind: Äthylenoxyd und Methallylchlorid.

1c) Zum Schutze der Nutzpflanzen gegen Insekten tritt ein neuer Faktor hinzu: Das angewandte Mittel soll für die Pflanzen unschädlich sein, aber auch für den Menschen und die Warmblüter. Wir stoßen hier wieder auf das DDT zur Bekämpfung des Kartoffelkäfers; dann haben wir das Dinitroorthokresol zur Vertilgung der Blattlaus, das 1-3-Dichloropropylen, welches gegen gewisse Nematodenarten in warmen Klimazonen zum Schutze der Ananaspflanzungen großen Erfolg hat.

Umwälzend auf diesem Gebiet sind die Arbeiten von *Schrader* der Farbwerke Leverkusen, durch Auffindung ganz neuartiger Insektenvertilgungsmittel, welche sich von der Phosphorsäure ableiten. So wurden Insektizide aufgefunden, die gleichzeitig als Gasgift, Fraßgift und Kontaktmittel wirken bei Anwendungskonzentrationen als Spritzmittel, welche bei 0,01 bis 0,02%, bezogen auf den reinen Wirkstoff, liegen. Die Wirkungsbreite ist sehr groß. Nur wenige Insekten widerstehen dem E 605. Hervorzuheben ist noch seine Verträglichkeit mit Wasser und den meisten anderen Schädlingsbekämpfungsmitteln und eine gewisse Dauerwirkung.

Die Wirkung von „Systox" ist grundsätzlich anders. Als Spray auf grüne Pflanzen aufgebracht, hat Systox gegen fressende Insekten praktisch keine Wirkung. Trotzdem werden fast alle Blattlausarten und mehrere Gattungen der roten Spinne noch nach Wochen sicher abgetötet. Der Wirkstoff gelangt durch Diffusion in die saftführenden Systeme der Pflanzen. Das in die Systeme eindringende Systox wird nicht abgebaut, es hält sich drei bis vier Wochen. Die Pflanzen sind während dieser Zeit vor saugenden Insekten geschützt. Nichtsaugende Insekten sind nützliche Insekten wie z. B. der Marienkäfer und Bienen, und bleiben vor Systox geschützt. Eine gesundheitliche Schädigung durch den Genuß von Pflanzen, die mit Systox gespritzt waren, konnte nicht beobachtet werden.

Wir überspringen nun den weniger wichtigen Punkt 2. und kommen gleich zu den Unkrautvertilgungsmitteln.

Von einem Unkrautvertilgungsmittel wird erwartet, daß die Nutzpflanzen geschont werden. Das ist im allgemeinen möglich, wenn Unkraut und Nutzpflanze nicht derselben Pflanzengattung angehören. So sind z. B. die Umbelliferen gegenüber aromatischen leichten Mineralölen sehr unempfindlich. Man kann daher eine junge Anpflanzung gelber Rüben damit besprühen, ohne daß sie Schaden erleidet. Ein anderes Beispiel ist die 2-4-Dichlorophenoxyessigsäure, welche ein wachstumbeschleunigendes Hormon ist. In zu starken Dosen angewendet, wirken diese Hormone als Pflanzengifte. Die Dicotyledonen sind gegenüber der Phenoxyessigsäure und ihren Derivaten besonders empfindlich, während das Getreide widerstandsfähiger ist.

Die Waschhilfsmittel

Die Waschhilfsmittel gehören zu der Klasse der oberflächenaktiven Stoffe. Dieselben entwickeln eine Reihe von Eigenschaften, welche allmählich durch den Gebrauch bekannt wurden, wie z. B. das Emulsionsvermögen, das Schaumbildungsvermögen, die Benetzungsfähigkeit, das Wasch- oder Reinigungsvermögen und andere mehr. Vielfach sind zwei oder mehrere dieser Eigenschaften gleichzeitig vorhanden. So ist für Seifenlösungen charakteristisch das Emulsionsvermögen, sie bilden

Schaum und sind besonders bekannt durch ihre Reinigungskraft. Wenngleich für diese Eigenschaften heute klare Definitionen vorliegen, ist es mit der quantitativen Bestimmung noch ziemlich schlecht bestellt und mehr oder weniger empirischen Verfahren überlassen. Wir werden nicht in dieses Spezialgebiet eindringen und begnügen uns damit, den Beitrag der Petrolchemie zu skizzieren.

Seit Jahrhunderten ist die Seife schon im Gebrauch als sozusagen einziges Waschmittel. Sie wird durch Verseifen tierischer oder pflanzlicher Fette mittels Natron- oder Kalilauge erhalten. Man unterscheidet heute vorwiegend zwei Arten von Seifen. Die eine wird aus Kokosfett erhalten und hat ein großes Schaumvermögen. Ihre größte Wirkung entfaltet sie bei gewöhnlicher oder gelinder Temperatur. Die zweite Kategorie leitet sich von der Stearinsäure ab, schäumt weniger, ist aber im kochenden Wasser besonders wirkungsvoll.

Chemisch erkannt wurden die Seifen als Natron- oder Kalisalze von aliphatischen Säuren mit gerader Kette und einer Anzahl Kohlenstoffatome, welche zwischen C_{12} und C_{18} schwankt.

Auf diesem Gebiet setzte nun nach 1918 eine Entwicklung ein, die noch nicht abgeschlossen ist.

Außer der Kohlenwasserstoffkette enthält das Seifenmolekül als charakteristisches Material die Carboxylgruppe, auf welcher die Wasserlöslichkeit der Seife beruht.

Man kann nun die Carboxylgruppe durch andere Funktionen ersetzen, welche ebenfalls dieselben Löslichkeitseigenschaften besitzen. Wir nennen die Sulfatgruppe, die Sulfongruppe und die quaternäre Ammoniumfunktion. Der Ersatz der Carboxylgruppe durch diese Funktionen hat das Feld der Waschhilfsmittel außerordentlich bereichert. Nehmen wir als Beispiel die Sulfatgruppe. Durch Addition von Schwefelsäure an die Doppelbindung von Olefinen von einer Kettenlänge C_{12} bis C_{16}, die leicht und billig durch thermisches Kracken von Paraffin zugänglich sind, entsteht ein Waschmittel, das sich außerordentlicher Beliebtheit bei den Hausfrauen erfreut, beim Geschirrwaschen, zum Abwaschen der Fußböden, Automobile und so fort.

Man hat systematisch den Zusammenhang zwischen Konstitution und Eigenschaften der Monoalkoylsulfate erforscht und folgendes festgestellt: Wenn die Sulfatgruppe vom Kettenende nach der Mitte zu wandert, erhält man Produkte, deren Reinigungs- und Emulsionsvermögen abnehmen, während die Benetzungsfähigkeit ansteigt.

Tabelle VII

$$CH_3—CH_2—CH_2—CH_2—CH_2—CH_2—CH_2—CH_2—CH_2—CH_2—CH_2—CH_2—CH_2—$$

$$= O$$
$$—CH_2—CH_2—CH_2—CH_2—C—ONa$$

Natriumstearat

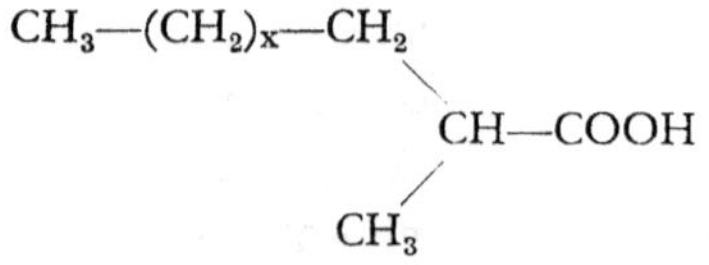

$$CH_3—(CH_2)_x—CH_2$$
$$\diagdown$$
$$CH—COOH$$
$$\diagup$$
$$CH_3$$

Dialkoylessigsäure

$$CH_3—CH_2—CH_2—CH_2—CH_2—CH_2—CH_2—CH_2—CH_2—CH_2—CH_2—CH_2—O—SO_3Na$$

Laurylsulfat

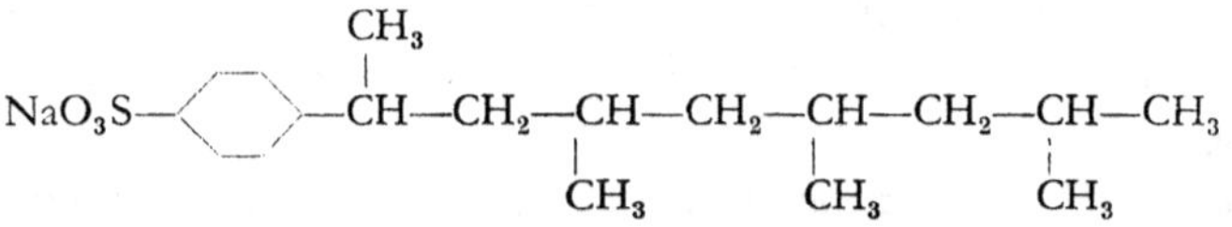

$$\underset{CH_3}{CH_3}$$
$$NaO_3S—\langle \bigcirc \rangle—CH—CH_2—CH—CH_2—CH—CH_2—CH—CH_3$$
$$\qquad\qquad\qquad CH_3 \qquad CH_3 \qquad CH_3$$

Dodécylphenylsulfonat

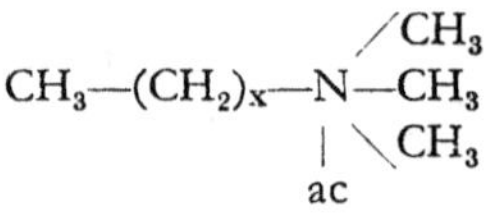

$$\qquad\qquad\qquad\diagup CH_3$$
$$CH_3—(CH_2)_x—N—CH_3$$
$$\qquad\qquad | \diagdown CH_3$$
$$\qquad\qquad ac$$

Ammoniumseife

$$HO—CH_2—CH_2—O—CH_2—CH_2—O—CH_2—CH_2 \dots\dots\dots\dots\dots\dots$$
$$O—CH_2—CH_2—O—CH_2—CH_2—OH$$

Polyoxyäthylenglykole

Die Sulfate von Alkoholen niederen Molekulargewichts haben allgemein ein ausgeprägtes Schaumbildungsvermögen, während die höhermolekularen Ester mehr und mehr den Charakter eines Waschmittels und Wasser-Enthärtungsmittels annehmen. Man kann nun verzweigte Olefine benutzen, oder auch Chloratome einführen. Beides hat zur Folge, daß die Wasserlöslichkeit, insbesondere der Kalziumsalze, wesentlich verbessert wird, ohne daß die anderen wertvollen Eigenschaften darunter leiden.

Man hat auch die offenen Kohlenwasserstoffketten durch zyklische ersetzt, z. B. durch Naphtenalkohole. Obschon bei gleicher Anzahl von Kohlenstoffatomen die Länge des Moleküls durch Zyklisierung verkleinert wird, tritt keine entsprechende Verminderung der wichtigsten Eigenschaften ein.

Die Sulfonate wie das Dodecylphenylsulfonat, sind den Sulfaten sehr ähnlich, können in kochendem Wasser verwendet werden, haben aber eine etwas größere Empfindlichkeit für hartes Wasser.

Die Ammoniumseifen wurden auch als Antiseifen bezeichnet, weil der organische Teil des Moleküls als Kathion auftritt, im Gegensatz zu den Seifen, wo er das Anion bildet. Sie haben großen Anklang bei den Medizinern gefunden, da sie die Haut nicht irritieren und außerordentlich desinfizierend wirken, so daß sie selbst die Sublimatseifen verdrängt haben.

Da sie auch die Fähigkeit haben, sich auf Textilfasern niederzuschlagen und ihnen einen angenehmen weichen Griff geben, haben sie auch Eingang in die Industrie gefunden.

Eine besondere Klasse von Waschhilfsmitteln leitet sich vom Äthylenoxyd ab. Die Polyoxyäthylene, die nun in allen Molekülgrößen, angefangen vom Glykol, Molekulargewicht 62, bis zum Molekulargewicht 30 000 zu haben sind, stellen nur eine kleine Anzahl der sich vom Äthylenoxyd ableitenden Verbindungen dar. Allen diesen Stoffen ist aber das eine gemeinsam, daß die Wasserlöslichkeit durch eine oder mehrere genügend lange Ketten von Oxyäthylen-Gruppen —O—CH$_2$—CH$_2$— begründet ist. Bis zum Molekulargewicht 800 sind die Polyoxyäthylene flüssig, die höhermolekularen sind feste Wachse.

Sie werden gebraucht als Textilhilfsmittel, Schönheitsmittel, Schmiermittel, hydraulische Flüssigkeiten, wasserlösliches Papier usw.

Wenn man den Zusammenhang von Konstitution und Eigenschaften reiner Substanzen erforscht, darf aber nicht vergessen werden, daß Mischungen ähnlicher oder strukturell sehr verschiedener Stoffe gesteigerte oder auch ganz andere Eigenschaften zeigen können.

Verschiedenes

Mit diesen vier großen Kapiteln ist aber das Arbeitsgebiet der Petrolchemie noch lange nicht erschöpft. Die Praxis hat gezeigt, daß die Verwendung der verschiedenen Petroleumfraktionen: Benzin, Petroleum und Gasöl, Fuel, Schmieröle, zahlreiche Unannehmlichkeiten nach sich ziehen kann, welche durch geeignete Zusatzmittel behoben werden können. Allein für das Benzin können wir aufzählen: Verbesserung der Oktanzahl, Stabilisierung von Krackbenzinen gegen Autooxydation, Behebung des vapor lock, Verhinderung der Eisbildung in den Vergasern bei tiefer Temperatur usw. Für Schmieröle sind anzugeben: die Viskositätsverbesserer, die Erniedrigung des Schmelzpunktes, Antioxydationsmittel, die „detergents", das sind Mittel zur Verhinderung der Ausflockung von Ruß, Erhöhung der Schmierwirkung, Aufhebung der Korrosion. Tausende von Patenten schützen die Resultate unendlich vieler Forschungsarbeit, welche immerhin unter dem Gesichtspunkt „Konstitution und Eigenschaften" zu betrachten ist.

Aber die Petrolchemie hat auf diesem Wege nicht Halt gemacht. Durch die Synthese von Spezialbenzinen, von hochwertigen Schmierölen (Dr. *Zorn*), in neuester Zeit auch von tiefstockenden Gasölen, hat sie versucht, immer mehr den gesteigerten Anforderungen an die Petroleumfraktionen gerecht zu werden, durch entsprechende Anpassung der Struktur.

Die chemische Reaktion

Wenn wir nun einen Rückblick auf das bisher gesagte über die Ausgangsmaterialien und die Endprodukte werfen, so muß uns eines besonders auffallen.

Die Anzahl der angeführten Ausgangsmaterialien ist sehr gering im Vergleich zu der Vielheit der Endprodukte. Das ist das Werk des chemischen Verfahrens, welches zwischen Ausgangsmaterialien und Fertigprodukten eingeschaltet, aus wenigen Moleküleinheiten eine so große Anzahl mit so sehr verschiedenen Eigenschaften ausgestatteten Endstoffen geschaffen hat. Damit lernen wir ein neues, ergiebiges Feld der Petrolchemie kennen, welches dem Studium der chemischen Reaktion und der Auffindung neuer Reaktionen gewidmet ist. Auch darin hat die Petrolchemie Vorbildliches geschaffen, indem sie zuerst die aliphatische Chemie, also die Chemie der Kohlenwasserstoffe mit offenen Ketten auf ihre jetzige Höhe brachte. Indem sie dann ihre Kreise immer weiter zog, hat sie die Chemie der organischen Derivate von Fremdatomen, wie Silizium, Bor, Phosphor, Blei, Germanium, Eisen und anderen mehr ausgebildet und ist im Begriffe, selbst in die anorganische Chemie vorzustoßen. Sie ist den Reaktionswegen nachgegangen, hat die Radikalchemie und die Vorgänge der elektrischen Ladungen im reagierenden Molekül aufgedeckt.

Ich habe versucht, die Vielgestaltigkeit der von der Petrolchemie erfaßten Gebiete und ihre Problemstellung zu zeigen.

Stellen Sie sich vor, Sie betrachten ein Gemälde eines alten spanischen oder holländischen Meisters. Sie können nun zuerst das Bild von weitem betrachten, um es als Ganzes auf sich wirken zu lassen. Wenn Sie dann näher treten, entdecken Sie die vielen Einzelheiten, die der Maler mit unendlicher Geduld in das Bild gebracht hat. Dann erst wird Ihnen das Verständnis seiner Kunst klar zum Bewußtsein kommen. Was ich Ihnen zeigen konnte, sind nur die großen Umrisse, aber die tausend und aber tausend Einzelheiten fehlen, aus denen die Petrolchemie aufgebaut ist.

Mein Bild ist daher sehr unvollkommen.

Ich danke Ihnen für Ihre gütige Aufmerksamkeit.

Nachtrag*

Äthylen und Propylen als Ausgangsmaterialien

Ausgehend von dem stetigen Anwachsen des Verbrauches an Petroleumprodukten aller Arten, haben sich bedeutende Umwälzungen vollzogen, nachdem das Petroleum nun auch die Kohle als Ausgangsmaterial immer mehr verdrängt. Diese Entwicklung setzte besonders in Deutschland in den Jahren 1959/60 beinahe schlagartig ein; die chemischen Werke stellten sich auf Äthylen als Ausgangsbasis um, wodurch das Azetylen immer mehr in den Hintergrund gerät. Als Beweis führen wir die direkte Oxydation von Äthylen zu Acetaldehyd mittels Palladiumchlorid und Kupfer- bzw. Eisenchlorid als Katalysatoren an, verwirklicht durch die Wackerchemie. Äthylen ist etwa $^1/_3$ im Preis billiger als Azetylen.

Äthylen und Propylen sind heute die billigsten Rohprodukte für die organische chemische Industrie und dürften es noch eine Zeitlang bleiben. Da immer noch neue Reaktionen aufgefunden werden, erscheint das Gebiet als eine beinahe unerschöpfliche Fundquelle. Es besteht jedenfalls die Aussicht, noch neue Bereiche der organischen Chemie, ausgehend vom Äthylen und Propylen, synthetisch aufbauen zu können.

So wird die Chemie dieser beiden KWSt intensiv bearbeitet. Es gibt wohl keine Petroleumgesellschaft, in deren Forschungslaboratorien die Arbeiten von Ziegler nicht einer eingehenden Untersuchung unterzogen werden, sowohl auf ihre Anwendungs- als auch auf ihre Ausdehnungsmöglichkeiten. Der Anstoß wurde hauptsächlich dadurch gegeben, daß sich das Interesse plötzlich den geradlinigen Olefinen zuwandte, wegen der Reinigung der Abwässer. Ein wie teures Problem dieses ist, ergibt sich aus einer Privatmitteilung der Shell-Hamburg, wonach die Kosten ebenso hoch sind wie für städtisches Trinkwasser. Natürlich werden schon Konkurrenzverfahren veröffentlicht, welche geradkettige Olefine direkt aus Krackprodukten mittels Molekularsieben in genügender Reinheit isolieren.

---

*Nachdem seit dem Vortrag einige Zeit vergangen ist, wird in einem Nachtrag über die neueste Entwicklung der Petrolchemie berichtet.

Die Reinheit der Olefine spielt eine immer größere Rolle in den Polymerisationsreaktionen. Bis jetzt wurde ein Gehalt von 1 Teil Verunreinigungen auf 1 Million Teilen KWSt erreicht. Nach J. Anderson, Director of Research der Shell Chemical Corporation Synthetic Rubber Division, Torrance, Cal., wird nun versucht, den Reinigungsprozeß bis zu einem Gehalt von 1 Teil Unreinlichkeiten auf 1 Milliarde Teilen KWSt zu verbessern.

Neue Monomere werden bald zur Verfügung sein. Durch thermische Zersetzung bei über 800° ist es der TNO in Delft gelungen, den KWSt Allen aus Isobuten zu erhalten:

$$\begin{array}{l} \left.\begin{array}{l} CH_3 \\ CH_3 \end{array}\right\rangle C=CH_2 \;\rightarrow\; CH_2=C=CH_2 + CH_4 \\[2ex] CH_2=C=CH_2 \;\underset{\rightarrow}{\leftarrow}\; CH_3-C\equiv CH \end{array}$$

Die Chemie dieses reaktionsfähigen KWSt steht noch in den Anfängen. Bei höheren Temperaturen isomerisiert sich Allen zu Methylpropyn. Die Shell Chemical Corporation (Fortier Plant, New Orleans) hat die direkte Oxydation von Propylen zu Akrolein verwirklicht. Dadurch hat die Synthese des Glyzerins tiefgreifende Veränderungen erfahren. Das Akrolein wird zu Allylalkohol reduziert und dann Wasserstoffsuperoxyd an die Doppelbindung angelagert.

Etwa 250 neue Produkte wurden ausgehend vom Akrolein hergestellt, wovon etwa 5 oder 6 auf den Markt kommen werden.

(Nach Prof. Vlugter, Delft, könnte man Zucker durch hydrierendes Krakken mit 70 % Ausbeute in Glyzerin umwandeln. Diese Synthese würde billiger sein als die vom Propylen ausgehende, was allerdings bestritten wird.)

Aromatische Chemie

Seit jeher wurde die aromatische Chemie als auf dem Steinkohlenteer basierend angesehen. Nun hat sich das Petroleum auch hier eingeschoben. Da die Kohle nicht mehr imstande war, den immer zunehmenden Verbrauch an aromatischen KWSt zu versorgen, ist es gelungen, dies von dem Petroleum aus zu tun.

Es wurde zwar versucht, aromatische KWSt synthetisch herzustellen. Diese Arbeiten scheiterten an dem zu hohen Preis.

Als Beispiele möchten wir die Synthese von p-Xylol nach dem Verfahren von Höchst durch Aromatisierung von Diisobuten und das Verfahren der Cyanamide New Orleans zur Herstellung von Methylstyrol anführen.

Vielleicht hat die Synthese noch nicht ihr letztes Wort gesprochen, da augenblicklich die Aromatisierung paraffinierter KWSt, welche seit dem letzten Kriege gänzlich verschwunden war, nun wieder Gegenstand intensiver Laboratoriumsarbeit in den USA geworden ist.

Hauptsächlich wurde die Oxydation studiert. Man weiß, daß Maleinsäureanhydrid in großen Mengen durch Oxydation von Benzol mittels Luft hergestellt wird. Das Verfahren von Professor Klar, Frankfurt (Harpener Bergwerke), hat bedeutende Verbesserungen und damit eine Verbilligung des Verfahrens gebracht. Nach Professor Klar dürfte nun auch die direkte Oxydation von Benzol mittels Luft zu Benzochinon und damit das wichtige Hydrochinon zugänglich geworden sein.

Benzoesäure aus Toluol wird nach dem Cal Research Center der Standard Oil of California zu Phenol oxydiert:

$$2 \, C_6H_5COOH + O_2 \rightarrow C_6H_5COOC_6H_5 + CO_2 + H_2O$$

Das Phenylbenzoat wird durch Hydrolyse in ein Molekül Phenol und ein Molekül Benzoesäure zerlegt, welch letztere in den Fabrikationsprozeß zurückgeführt wird.

Aus demselben Laboratorium kommen noch folgende Verfahren: Oxydation von o-Xylol zu Phtalsäureanhydrid mittels Luft. Oxydation von m-Xylol zu Isophtalsäure mittels einer wässerigen Lösung von Ammoniumsulfat in Gegenwart geringer Mengen Schwefelwasserstoff unter Druck bei $350°$.

Erwähnenswert ist auch die Oxydation von Phenanthren zu Diphensäure. Es sind hauptsächlich Dicarboxylsäuren, sowohl aliphatische als auch aromatische, die gesucht werden zur Herstellung von hochmolekularen Polykondensationsprodukten.

Halogenverbindungen

Neue Methoden zur Synthese fluorierter KWSt durch Umsetzung chlorierter Verbindungen mit Calciumfluorid:

$$Ca \, F_2 + 2 \, C_6H_5Br \rightarrow 2 \, C_6H_5F + CaCL_2$$

oder durch direkte Fluorierung mittels ClF_3 werden aus dem Institut für technische Chemie (Hannover, Prof. Dr. Schieman) gemeldet. Im selben Institut wurde auch die thermische Zersetzung von CCl_4 bei ungefähr $500°$ nach der Gleichung

$$CCL_4 \rightarrow CCl_2 = CCl_2 \rightarrow CCl_3 - CCl_3$$

einer Untersuchung unterzogen.

Diese Arbeiten können vielleicht zur Aufklärung eines Verfahrens herangezogen werden, welches von der Colorado School of Mines Research Foundation (C. J. Lewis Manager Chemical Division) ausgearbeitet wird. Danach werden Mineralien, welche Metalle, die flüchtige Chloride geben, enthalten, in einem rotierenden Rohrofen mit einem Gemisch von Chlor und gasförmigen KWSt behandelt. Dieselbe verbrennen im Chlor und geben chlorierte Derivate, welche die Metalle selektiv angreifen. Eine exakte Temperaturkontrolle ist notwendig. Nach einem anderen Verfahren der Colorado School of Mines wird KCl mittels flüssigem NO_2 in Gegenwart halogenierter organischer Lösungsmittel direkt in KNO_3 übergeführt.

Wichtig sind Arbeiten von Professor Hartmann, Frankfurt, über die Abspaltung von Chlorwasserstoff aus aliphatischen Chlorverbindungen, z. B.: Chlor-n-butan:

$$CH_3CHCl\ CH_2CH_3 \rightarrow CH_2 = CH-CH_2-CH_3 \quad 47\,\%$$

Der Rest ist cis- und trans-Buten-2. Diese KWSt sind nicht im thermodynamischen Gleichgewicht. Es findet keine Addition und Elimination von HCl statt, welche dazu führen könnte. Der Sauerstoff vergiftet die Reaktion, ohne sie jedoch zum vollständigen Stillstand zu bringen. Vergrößerung der Oberfläche ist wirkungslos (Quarzoberfläche mit aufsublimiertem KCl).

Theoretisch wichtig sind noch folgende Versuche,

nach Arbeiten von Professor Schultze und Dr. Boberg, Hannover, über die Chlorierung von Dimethylsulfid mit Chlor oder mit Sulfurylchlorid:

$$CH_3SCH_3 \rightarrow CH_2ClSCH_3 \rightarrow CHCl_2SCH_3 \rightarrow CCl_3SCH_3 \rightarrow$$
$$CCl_3SCH_2Cl \rightarrow CCl_3SCHCl_2 \rightarrow CCL_3SCCl_3$$

Operiert man mit Sulfurylchlorid, das mit ^{36}Cl markiert ist, so sollte sich die Radioaktivität gleicherweise auf die Reaktionsprodukte: chloriertes Schwefelderivat und HCl, verteilen:

$$CH_2ClSCH_3 + Cl-SO_2-^{36}Cl \rightarrow CHCl_2SCH_3 + H^{36}Cl$$
$$\text{bzw. } CHCl^{36}ClSCH_3 + HCl$$

Tatsächlich findet man folgendes:

	$\%$ Radioaktivität im Endprodukt	
	gefunden	berechnet
$CH_3SCH_3 \rightarrow CH_2ClSCH_3$	50,3	50,0
$CH_2ClSCH_3 \rightarrow CHCl_2SCH_3$	69,0	66,7
$CHClSCH_3 \rightarrow CCl_3SCH_3$	73,6; 75,4	75,0
$CCl_3SCH_3 \rightarrow CCl_3SCH_2CL$	81,0; 79,9	80,0

Danach sind also sämtliche Chloratome identisch. Die Autoren erklären diese Tatsache durch die Bildung eines Adduktes, z. B. $Cl_2(CHCl_2SCH_3)$, in dem alle Chloratome äquivalent sind. Dies bedingt eine Lockerung der Bindung Kohlenstoff-Chlor im Thioäther sowie einen Austausch der Chloratome innerhalb und außerhalb der Klammer.

Solche Austauschreaktionen wurden schon bei anderen Komplexverbindungen beobachtet. Trioxalatokomplexe der Formel

$$\left[\mathrm{Me} \left(\begin{matrix} \mathrm{OC} = \mathrm{O} \\ | \\ \mathrm{OC} = \mathrm{O} \end{matrix} \right)_3 \right]^{\mathrm{III}}$$

wurden mit markierten Oxalaten behandelt und zeigten einen vollständigen Austausch in weniger als einer Minute bei 25°, falls Me Eisen oder Aluminium bedeutet. Ist aber Me gleich Kobalt oder Chrom, so findet keine Reaktion statt.

Ähnliche Betrachtungen kann man auch machen über die Mitteilung von Dr. Wiesner aus demselben Institut, wonach markiertes Aluminiumchlorid nur in Gegenwart von Hexachlorpropylen mit Dichlormethylen eine Austauschreaktion eingeht.

Radikale

Radikale sind ungesättigte Verbindungen mit einer freien Valenz:

$$H_3C-$$

Die Bildung freier Radikale wird durch sterische Hinderung stark erleichtert, wie Theilacker, Hannover, überzeugend nachgewiesen hat. So wurde gefunden, daß das Hexaphenyläthan I zu 2 $\%$ in Radikale dissoziiert, das o-tert, Butyltriphenyl aber in 4- bis 5prozentiger Lösung praktisch nicht mehr zur Assoziation fähig ist.

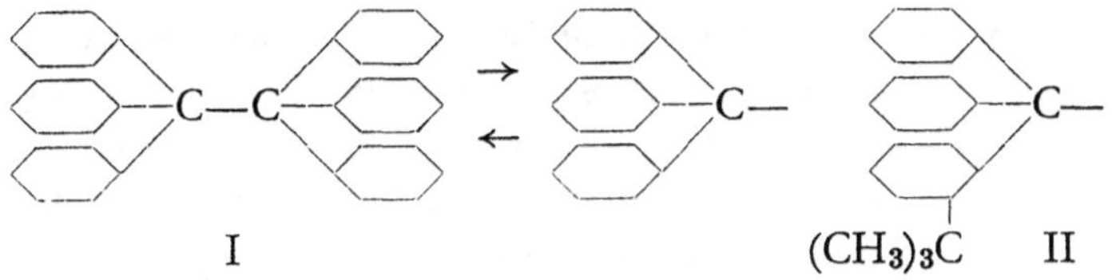

I $(CH_3)_3C$ II

Die einfachen Radikale: Methyl, Äthyl sind nur während einer sehr
kurzen Zeit und unter stark reduziertem Druck existenzfähig, so daß ganz
spezielle Methoden und Apparaturen zu ihrem Nachweis benötigt werden.

Wenn nun Radikale mit einer freien Valenz sehr reaktionsfähig sind, so
ist zu erwarten, daß Biradikale mit zwei freien Valenzen noch reaktionsfreu-
diger sind. So wurden von Gerhard Closs, Chicago, einem Schüler von Wittig,
die Reaktionen des Biradikals $=$ CHCl studiert, welches durch Umsetzung
von Methylenchlorid in ätherischer Lösung mit Butyllithium durch Elimination eines Moleküles HCl erhalten wurde. Dieses Biradikal setzt sich sofort
mit Benzol zu Tropyliumchlorid um:

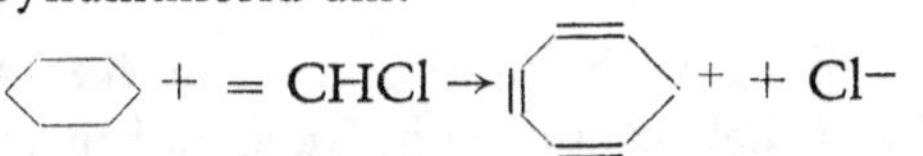

An aliphatische Olefine findet Addition an die Doppelbindung statt unter
Bildung von Cyclopropanderivaten:

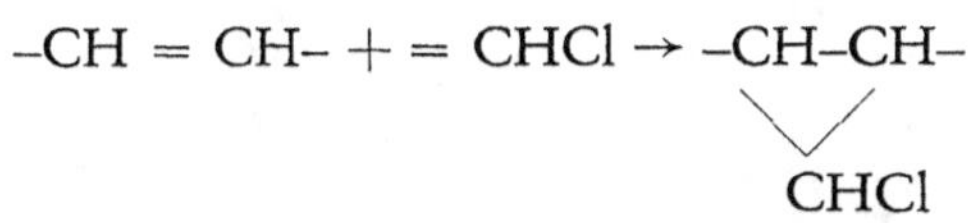

$$-CH = CH- \; + \; = CHCl \; \rightarrow \; -CH–CH–$$

$$CHCl$$

Das durch Zersetzung mittels Licht aus CH_2 erhaltene Biradikal $= CH_2$

reagiert mit gesättigten KWSt zu einem höheren Homologen, das eine CH_2-
Gruppe mehr enthält.

Radikale können auch durch Bestrahlen mit ultraviolettem Licht oder
durch ionisierende Strahlungen (Strahlen-chemische Prozesse nach Günther
O. Schenck, Institut für Kohlenchemie, Mülheim-Ruhr und Hammond Institut of Technology, Pasadena, Cal.) erzeugt werden. Schenck konnte die Radikale stabilisieren, indem er die Viskosität der bestrahlten Lösung erhöhte.
Dadurch wird die Diffusion behindert. Die Existenz der Radikale wird so
auf Sekunden, Minuten oder selbst Stunden erhöht.

Seit der Entdeckung der freien Radikale wurden noch andere unvoll-
ständige Moleküle entdeckt. Da sind z. B. die Carbenium-Ionen und die

Carbeniate zu erwähnen, die ein dreiwertiges Kohlenstoffatom besitzen, erstere mit einer positiven, letztere mit einer negativen Ladung. Andere Ionen wurden mittels des Massenspektroskopes entdeckt (Franklin & Lampe, Humble Oil and Refining Co, Baytown, Texas). Durch Beschießung mit freien Elektronen verlieren die Moleküle ein Elektron und bilden ein positives primäres Ion:

$$CH_4^+, CD_4^+, C_3H_8^+, i\text{--}C_4H_8^+ \text{ usw.}$$

Die Existenz anderer unvollständiger Partikel wird in den Redoxsystemen vermutet, welche für die Polymerisation technisch sehr wichtig sind, ohne daß es bisher gelungen wäre, ihre Natur aufzuklären.

Als instabile Zwischenprodukte bei chemischen Reaktionen wurden Moleküle in einem metastabilen höheren Schwingungszustand und solche in einem metastabilen elektronischen Zustand entdeckt. In Wirklichkeit existieren mindestens ebenso viele Zwischenprodukte instabiler Art wie stabile Moleküle.

Die Aufklärung dieser Verhältnisse ist für die Kenntnis des chemischen Vorganges, um chemische Reaktionen in Gang zu bringen und für die Lenkung des Geschehens von größter Wichtigkeit.

Summary

In order to be able to provide a clear survey of the immense sphere of petroleum chemistry, the following divisions have been adopted:
1. Basic materials: aliphatic carbides, olefins, aromatic carbides.
2. End products classified according to their field of application:
   solvents and plasticisers, synthetic rubber, plastics and artificial textiles, biological applications and insecticides, pharmaceutical products, various detergents.
3. Chemical reaction.

In a survey of the materials, the most striking fact is the small number of raw materials: some olefins, of which ethylene and propylene are of principal note, and some aromatic carbides: benzol, toluene, xylene.

Considering the paucity of basic materials, however, we find a large number of end products with very varied characteristics, embracing an extensive field of human activities. This is explained on the one hand by the fact that all molecular weights, from the weakest to the strongest, are accessible for olefins. On the other hand, the discovery of reactions enables the variety of characteristics to be extended. Therefore it has been, above all, necessary to develop our knowledge of the relationship between chemical structure and material characteristics.

But that is not enough. A profound knowledge of reactional mechanism has become necessary in order to attain the extreme of all the chemical possibilities demonstrated in selected basic materials.

Summarized in a supplement are more recent developments in several selected chapters: chemistry from ethylene and propylene, aromatic carbides, halide derivatives and unbound radicals.

Résumé

Afin de pouvoir donner un aperçu simple et clair sur l'immense domaine de la pétrolchimie, on a adopté la classification suivante:
1. Les matières premières: carbures aliphatiques, oléfines, carbures aromatiques.
2. Les produits finis, classées suivant leur utilisation: solvants et plastifiants, caoutchoucs synthétiques, matières plastiques et textiles artificiels, usages biologiques et insecticides, produits pharmaceutiques, détergents = produits de lavages divers.
3. La réaction chimique.

Ce qui frappe surtout en parcourant cette table des matières, est tout d'abord le petit nombre de produits de départ: quelques oléfines, dont il faut surtout mentionner l'éthène et le propène, quelques carbures aromatiques: benzène, toluène, xylènes.

Face à ces rares matières premières on trouve alors un si grand nombre de produits finis de propriétés si variées, qu'ils couvrent un vaste champ des activités humaines. Ceci s'explique par le fait, d'une part que tous les poids moléculaires sont accessibles à partir des oléfines depuis les plus faibles jusqu'aux plus grands. D'autre part l'introduction de fonctions permet d'élargir encore la variété des propriétés. Il a donc été nécessaire de développer avant tout nos connaissances sur les relations entre la structure chimique et les propriétés des substances.

Mais ceci ne suffit pas; une connaissance approfondie du mécanisme réactionnel a été nécessaire pour venir à bout de toutes les possibilités chimiques dont font preuve les matières premières choisies.

Dans un appendice sont résumés des développements récents de quelques chapitres choisis: Chimie de l'éthène et propène, carbures aromatiques, dérivés halogénés et radicaux libres.

VERÖFFENTLICHUNGEN
DER ARBEITSGEMEINSCHAFT FÜR FORSCHUNG
DES LANDES NORDRHEIN-WESTFALEN

AGF-N
Heft-Nr.

NATUR-, INGENIEUR- UND
GESELLSCHAFTSWISSENSCHAFTEN

1	*Friedrich Seewald, Aachen*	Neue Entwicklungen auf dem Gebiete der Antriebsmaschinen
	Fritz A. F. Schmidt, Aachen	Technischer Stand und Zukunftsaussichten der Verbrennungsmaschinen, insbesondere der Gasturbinen
	Rudolf Friedrich, Mülheim (Ruhr)	Möglichkeiten und Voraussetzungen der industriellen Verwertung der Gasturbine
2	*Wolfgang Riezler †, Bonn*	Probleme der Kernphysik
	Fritz Micheel, Münster	Isotope als Forschungsmittel in der Chemie und Biochemie
3	*Emil Lehnartz, Münster*	Der Chemismus der Muskelmaschine
	Gunther Lehmann, Dortmund	Physiologische Forschung als Voraussetzung der Bestgestaltung der menschlichen Arbeit
	Heinrich Kraut, Dortmund	Ernährung und Leistungsfähigkeit
4	*Franz Wever, Düsseldorf*	Aufgaben der Eisenforschung
	Hermann Schenck, Aachen	Entwicklungslinien des deutschen Eisenhüttenwesens
	Max Haas, Aachen	Die wirtschaftliche und technische Bedeutung der Leichtmetalle und ihre Entwicklungsmöglichkeiten
5	*Walter Kikuth, Düsseldorf*	Virusforschung
	Rolf Danneel, Bonn	Fortschritte der Krebsforschung
	Werner Schulemann, Bonn	Wirtschaftliche und organisatorische Gesichtspunkte für die Verbesserung unserer Hochschulforschung
6	*Walter Weizel, Bonn*	Die gegenwärtige Situation der Grundlagenforschung in der Physik
	Siegfried Strugger †, Münster	Das Duplikantenproblem in der Biologie
	Fritz Gummert, Essen	Überlegungen zu den Faktoren Raum und Zeit im biologischen Geschehen und Möglichkeiten einer Nutzanwendung
7	*August Götte, Aachen*	Steinkohle als Rohstoff und Energiequelle
	Karl Ziegler, Mülheim (Ruhr)	Über Arbeiten des Max-Planck-Instituts für Kohlenforschung
8	*Wilhelm Fucks, Aachen*	Die Naturwissenschaft, die Technik und der Mensch
	Walther Hoffmann, Münster	Wirtschaftliche und soziologische Probleme des technischen Fortschritts
9	*Franz Bollenrath, Aachen*	Zur Entwicklung warmfester Werkstoffe
	Heinrich Kaiser, Dortmund	Stand spektralanalytischer Prüfverfahren und Folgerung für deutsche Verhältnisse
10	*Hans Braun, Bonn*	Möglichkeiten und Grenzen der Resistenzzüchtung
	Carl Heinrich Dencker, Bonn	Der Weg der Landwirtschaft von der Energieautarkie zur Fremdenergie
11	*Herwart Opitz, Aachen*	Entwicklungslinien der Fertigungstechnik in der Metallbearbeitung
	Karl Krekeler, Aachen	Stand und Aussichten der schweißtechnischen Fertigungsverfahren
12	*Hermann Rathert, W'tal-Elberfeld*	Entwicklung auf dem Gebiet der Chemiefaser-Herstellung
	Wilhelm Weltzien, Krefeld	Rohstoff und Veredlung in der Textilwirtschaft
13	*Karl Herz, Frankfurt a. M.*	Die technischen Entwicklungstendenzen im elektrischen Nachrichtenwesen
	Leo Brandt, Düsseldorf	Navigation und Luftsicherung
14	*Burckhardt Helferich, Bonn*	Stand der Enzymchemie und ihre Bedeutung
	Hugo Wilhelm Knipping, Köln	Ausschnitt aus der klinischen Carcinomforschung am Beispiel des Lungenkrebses

15 *Abraham Esau †, Aachen* — Ortung mit elektrischen u. Ultraschallwellen in Technik u. Natur
Eugen Flegler, Aachen — Die ferromagnetischen Werkstoffe der Elektrotechnik und ihre neueste Entwicklung

16 *Rudolf Seyffert, Köln* — Die Problematik der Distribution
Theodor Beste, Köln — Der Leistungslohn

17 *Friedrich Seewald, Aachen* — Die Flugtechnik und ihre Bedeutung für den allgemeinen technischen Fortschritt
Edouard Houdremont †, Essen — Art und Organisation der Forschung in einem Industriekonzern

18 *Werner Schulemann, Bonn* — Theorie und Praxis pharmakologischer Forschung
Wilhelm Groth, Bonn — Technische Verfahren zur Isotopentrennung

19 *Kurt Traenckner †, Essen* — Entwicklungstendenzen der Gaserzeugung

20 *M. Zvegintzov, London* — Wissenschaftliche Forschung und die Auswertung ihrer Ergebnisse
Ziel und Tätigkeit der National Research Development Corporation
Alexander King, London — Wissenschaft und internationale Beziehungen

21 *Robert Schwarz, Aachen* — Wesen und Bedeutung der Siliciumchemie
Kurt Alder †, Köln — Fortschritte in der Synthese der Kohlenstoffverbindungen

21a *Karl Arnold* — Forschung an Rhein und Ruhr
Otto Hahn, Göttingen — Die Bedeutung der Grundlagenforschung für die Wirtschaft
Siegfried Strugger †, Münster — Die Erforschung des Wasser- und Nährsalztransportes im Pflanzenkörper mit Hilfe der fluoreszenzmikroskopischen Kinematographie

22 *Johannes von Allesch, Göttingen* — Die Bedeutung der Psychologie im öffentlichen Leben
Otto Graf, Dortmund — Triebfedern menschlicher Leistung

23 *Bruno Kuske, Köln* — Zur Problematik der wirtschaftswissenschaftlichen Raumforschung
Stephan Prager, Düsseldorf — Städtebau und Landesplanung

24 *Rolf Danneel, Bonn* — Über die Wirkungsweise der Erbfaktoren
Kurt Herzog, Krefeld — Der Bewegungsbedarf der menschlichen Gliedmaßengelenke bei der Arbeit

25 *Otto Haxel, Heidelberg* — Energiegewinnung aus Kernprozessen
Max Wolf, Düsseldorf — Gegenwartsprobleme der energiewirtschaftlichen Forschung

26 *Friedrich Becker, Bonn* — Ultrakurzwellenstrahlung aus dem Weltraum
Hans Straßl, Münster — Bemerkenswerte Doppelsterne und das Problem der Sternentwicklung

27 *Heinrich Behnke, Münster* — Der Strukturwandel der Mathematik in der ersten Hälfte des 20. Jahrhunderts
Emanuel Sperner, Hamburg — Eine mathematische Analyse der Luftdruckverteilungen in großen Gebieten

28 *Oskar Niemczyk †, Berlin* — Die Problematik gebirgsmechanischer Vorgänge im Steinkohlenbergbau
Wilhelm Ahrens, Krefeld — Die Bedeutung geologischer Forschung für die Wirtschaft, besonders in Nordrhein-Westfalen

29 *Bernhard Rensch, Münster* — Das Problem der Residuen bei Lernvorgängen
Hermann Fink, Köln — Über Leberschäden bei der Bestimmung des biologischen Wertes verschiedener Eiweiße von Mikroorganismen

30 *Friedrich Seewald, Aachen* — Forschungen auf dem Gebiet der Aerodynamik
Karl Leist †, Aachen — Einige Forschungsarbeiten aus der Gasturbinentechnik

31 *Fritz Mietzsch †, Wuppertal* — Chemie und wirtschaftliche Bedeutung der Sulfonamide
Gerhard Domagk, Wuppertal — Die experimentellen Grundlagen der bakteriellen Infektionen

32 *Hans Braun, Bonn* — Die Verschleppung von Pflanzenkrankheiten und Schädlingen über die Welt
Wilhelm Rudorf, Köln — Der Beitrag von Genetik und Züchtung zur Bekämpfung von Viruskrankheiten der Nutzpflanzen

33	*Volker Aschoff, Aachen*	Probleme der elektroakustischen Einkanalübertragung
	Herbert Döring, Aachen	Die Erzeugung und Verstärkung von Mikrowellen
34	*Rudolf Schenck, Aachen*	Bedingungen und Gang der Kohlenhydratsynthese im Licht
	Emil Lehnartz, Münster	Die Endstufen des Stoffabbaues im Organismus
34 a	*Wilhelm Fucks, Aachen*	Mathematische Analyse von Sprachelementen, Sprachstil und Sprachen
35	*Hermann Schenck, Aachen*	Gegenwartsprobleme der Eisenindustrie in Deutschland
	Eugen Piwowarsky †, Aachen	Gelöste und ungelöste Probleme im Gießereiwesen
36	*Wolfgang Riezler †, Bonn*	Teilchenbeschleuniger
	Gerhard Schubert, Hamburg	Anwendungen neuer Strahlenquellen in der Krebstherapie
37	*Franz Lotze, Münster*	Probleme der Gebirgsbildung
38	*E. Colin Cherry, London*	Kybernetik. Die Beziehung zwischen Mensch und Maschine
	Erich Pietsch, Frankfurt	Dokumentation und mechanisches Gedächtnis – zur Frage der Ökonomie der geistigen Arbeit
39	*Abraham Esau †, Aachen*	Der Ultraschall und seine technischen Anwendungen
	Heinz Haase, Hamburg	Infrarot und seine technischen Anwendungen
40	*Fritz Lange, Bochum-Hordel*	Die wirtschaftliche und soziale Bedeutung der Silikose im Bergbau
	Walter Kikuth und Werner Schlipköter, Düsseldorf	Die Entstehung der Silikose und ihre Verhütungsmaßnahmen
40 a	*Eberhard Gross, Bonn*	Berufskrebs und Krebsforschung
	Hugo Wilhelm Knipping, Köln	Die Situation der Krebsforschung vom Standpunkt der Klinik
41	*Gustav-Victor Lachmann, London*	An einer neuen Entwicklungsschwelle im Flugzeugbau
	A. Gerber, Zürich-Oerlikon	Stand der Entwicklung der Raketen- und Lenktechnik
42	*Theodor Kraus, Köln*	Über Lokalisationsphänomene und Ordnungen im Raume
	Fritz Gummert, Essen	Vom Ernährungsversuchsfeld der Kohlenstoffbiologischen Forschungsstation Essen
42 a	*Gerhard Domagk, Wuppertal*	Fortschritte auf dem Gebiet der experimentellen Krebsforschung
43	*Giovanni Lampariello, Rom*	Das Leben und das Werk von Heinrich Hertz
	Walter Weizel, Bonn	Das Problem der Kausalität in der Physik
43 a	*José Ma Albareda, Madrid*	Die Entwicklung der Forschung in Spanien
44	*Burckhardt Helferich, Bonn*	Über Glykoside
	Fritz Micheel, Münster	Kohlenhydrat-Eiweißverbindungen und ihre biochemische Bedeutung
45	*John von Neumann †, Princeton*	Entwicklung und Ausnutzung neuerer mathematischer Maschinen
	Eduard Stiefel, Zürich	Rechenautomaten im Dienste der Technik
46	*Wilhelm Weltzien, Krefeld*	Ausblick auf die Entwicklung synthetischer Fasern
	Walther G. Hoffmann, Münster	Wachstumsprobleme der Wirtschaft
47	*Leo Brandt, Düsseldorf*	Die praktische Förderung der Forschung in Nordrhein-Westfalen
	Ludwig Raiser, Tübingen	Die Förderung der angewandten Forschung durch die Deutsche Forschungsgemeinschaft
48	*Hermann Tromp, Rom*	Die Bestandsaufnahme der Wälder der Welt als internationale und wissenschaftliche Aufgabe
	Franz Heske, Hamburg	Die Wohlfahrtswirkungen des Waldes als internationales Problem
49	*Günther Böhnecke, Hamburg*	Zeitfragen der Ozeanographie
	Heinz Gabler, Hamburg	Nautische Technik und Schiffssicherheit
50	*Fritz A. F. Schmidt, Aachen*	Probleme der Selbstzündung und Verbrennung bei der Entwicklung der Hochleistungskraftmaschinen
	August Wilhelm Quick, Aachen	Ein Verfahren zur Untersuchung des Austauschvorganges in verwirbelten Strömungen hinter Körpern mit abgelöster Strömung
51	*Johannes Pätzold, Erlangen*	Therapeutische Anwendung mechanischer und elektrischer Energie

52   *F. W. A. Patmore, London*   Der Air Registration Board und seine Aufgaben im Dienste der britischen Flugzeugindustrie

A. D. Young, London   Gestaltung der Lehrtätigkeit in der Luftfahrttechnik in Großbritannien

52a   *C. Martin, London*   Die Royal Society

A. J. A. Roux, Südafrikanische Union   Probleme der wissenschaftlichen Forschung in der Südafrikanischen Union

53   *Georg Schnadel, Hamburg*   Forschungsaufgaben zur Untersuchung der Festigkeitsprobleme im Schiffsbau

Wilhelm Sturtzel, Duisburg   Forschungsaufgaben zur Untersuchung der Widerstandsprobleme im See- und Binnenschiffbau

53a   *Giovanni Lampariello, Rom*   Von Galilei zu Einstein

54   *Walter Dieminger, Lindau/Harz*   Ionosphäre und drahtloser Weitverkehr

54a   *John Cockcroft, F.R.S., Cambridge*   Die friedliche Anwendung der Atomenergie

55   *Fritz Schultz-Grunow, Aachen*   Kriechen und Fließen hochzäher und plastischer Stoffe

Hans Ebner, Aachen   Wege und Ziele der Festigkeitsforschung, insbesondere im Hinblick auf den Leichtbau

56   *Ernst Derra, Düsseldorf*   Der Entwicklungsstand der Herzchirurgie

Gunther Lehmann, Dortmund   Muskelarbeit und Muskelermüdung in Theorie und Praxis

57   *Theodor von Kármán, Pasadena*   Freiheit und Organisation in der Luftfahrtforschung

Leo Brandt, Düsseldorf   Bericht über den Wiederbeginn deutscher Luftfahrtforschung

58   *Fritz Schröter, Ulm*   Neue Forschungs- und Entwicklungsrichtungen im Fernsehen

Albert Narath, Berlin   Der gegenwärtige Stand der Filmtechnik

59   *Richard Courant, New York*   Die Bedeutung der modernen mathematischen Rechenmaschinen für mathematische Probleme der Hydrodynamik und Reaktortechnik

Ernst Peschl, Bonn   Die Rolle der komplexen Zahlen in der Mathematik und die Bedeutung der komplexen Analysis

60   *Wolfgang Flaig, Braunschweig*   Zur Grundlagenforschung auf dem Gebiet des Humus und der Bodenfruchtbarkeit

Eduard Mückenhausen, Bonn   Typologische Bodenentwicklung und Bodenfruchtbarkeit

61   *Walter Georgii, München*   Aerophysikalische Flugforschung

Klaus Oswatitsch, Aachen   Gelöste und ungelöste Probleme der Gasdynamik

62   *Adolf Butenandt, München*   Über die Analyse der Erbfaktorenwirkung und ihre Bedeutung für biochemische Fragestellungen

63   *Oskar Morgenstern, Princeton*   Der theoretische Unterbau der Wirtschaftspolitik

64   *Bernhard Rensch, Münster*   Die stammesgeschichtliche Sonderstellung des Menschen

65   *Wilhelm Tönnis, Köln*   Die neuzeitliche Behandlung frischer Schädelhirnverletzungen

65a   *Siegfried Strugger †, Münster*   Die elektronenmikroskopische Darstellung der Feinstruktur des Protoplasmas mit Hilfe der Uranylmethode und die zukünftige Bedeutung dieser Methode für die Erforschung der Strahlenwirkung

66   *Wilhelm Fucks, Gerd Schumacher und Andreas Scheidweiler, Aachen*   Bildliche Darstellung der Verteilung und der Bewegung von radioaktiven Substanzen im Raum, insbesondere von biologischen Objekten (Physikalischer Teil)

Hugo Wilhelm Knipping und Erich Liese, Köln   Bildgebung von Radioisotopenelementen im Raum bei bewegten Objekten (Herz, Lungen etc.) (Medizinischer Teil)

67   *Friedrich Paneth †, Mainz*   Die Bedeutung der Isotopenforschung für geochemische und kosmochemische Probleme

J. Hans D. Jensen und H. A. Weidenmüller, Heidelberg   Die Nichterhaltung der Parität

67a   *Francis Perrin, Paris*   Die Verwendung der Atomenergie für industrielle Zwecke

68   *Hans Lorenz, Berlin*   Forschungsergebnisse auf dem Gebiete der Bodenmechanik als Wegbereiter für neue Gründungsverfahren

Georg Garbotz, Aachen   Die Bedeutung der Baumaschinen- und Baubetriebsforschung für die Praxis

69	*Maurice Roy, Chatillon*	Luftfahrtforschung in Frankreich und ihre Perspektiven im Rahmen Europas
	Alexander Naumann, Aachen	Methoden und Ergebnisse der Windkanalforschung
69a	*Harry W. Melville, London*	Die Anwendung von radioaktiven Isotopen und hoher Energiestrahlung in der polymeren Chemie
70	*Eduard Justi, Braunschweig*	Elektrothermische Kühlung und Heizung. Grundlagen und Möglichkeiten
	Richard Vieweg, Braunschweig	Maß und Messen in Geschichte und Gegenwart
71	*Fritz Baade, Kiel*	Gesamtdeutschland und die Integration Europas
	Günther Schmölders, Köln	Ökonomische Verhaltensforschung
72	*Rudolf Wille, Berlin*	Modellvorstellungen zum Übergang Laminar-Turbulent
	Josef Meixner, Aachen	Neuere Entwicklung der Thermodynamik
73	*Ake Gustafsson, Diter v. Wettstein und Lars Ehrenberg, Stockholm*	Mutationsforschung und Züchtung
	Joseph Straub, Köln	Mutationsauslösung durch ionisierende Strahlung
74	*Martin Kersten, Aachen*	Neuere Versuche zur physikalischen Deutung technischer Magnetisierungsvorgänge
	Günther Leibfried, Aachen	Zur Theorie idealer Kristalle
75	*Wilhelm Klemm, Münster*	Neue Wertigkeitsstufen bei den Übergangselementen
	Helmut Zahn, Aachen	Die Wollforschung in Chemie und Physik von heute
76	*Henri Cartan, Paris*	Nicolas Bourbaki und die heutige Mathematik
76a	*Harald Cramér, Stockholm*	Aus der neueren mathematischen Wahrscheinlichkeitslehre
77	*Georg Melchers, Tübingen*	Die Bedeutung der Virusforschung für die moderne Genetik
	Alfred Kühn, Tübingen	Über die Wirkungsweise von Erbfaktoren
78	*Fréderic Ludwig, Paris*	Experimentelle Studien über die Distanzeffekte in bestrahlten vielzelligen Organismen
	A. H. W. Aten jr., Amsterdam	Die Anwendung radioaktiver Isotope in der chemischen Forschung
79	*Hans Herloff Inhoffen und Wilhelm Bartmann, Braunschweig*	Chemische Übergänge von Gallensäuren in cancerogene Stoffe und ihre möglichen Beziehungen zum Krebsproblem
	Rolf Danneel, Bonn	Entstehung, Funktion und Feinbau der Mitochondrien
80	*Max Born, Bad Pyrmont*	Der Realitätsbegriff in der Physik
81	*Joachim Wüstenberg, Gelsenkirchen*	Der gegenwärtige ärztliche Standpunkt zum Problem der Beeinflussung der Gesundheit durch Luftverunreinigungen
82	*Paul Schmidt, München*	Periodisch wiederholte Zündungen durch Stoßwellen
83	*Walter Kikuth, Düsseldorf*	Die Infektionskrankheiten im Spiegel historischer und neuzeitlicher Betrachtungen
84	*F. Rudolf Jung †, Aachen*	Die geodätische Erschließung Kanadas durch elektronische Entfernungsmessung
84a	*Hans-Ernst Schwiete, Aachen*	Ein zweites Steinzeitalter? – Gesteinshüttenkunde früher und heute
85	*Horst Rothe, Karlsruhe*	Der Molekularverstärker und seine Anwendung
	Roland Lindner, Göteborg	Atomkernforschung und Chemie, aktuelle Probleme
86	*Paul Denzel, Aachen*	Technische und wirtschaftliche Probleme der Energieumwandlung und -Fortleitung
87	*Jean Capelle, Lyon*	Der Stand der Ingenieurausbildung in Frankreich
88	*Friedrich Panse, Düsseldorf*	Klinische Psychologie, ein psychiatrisches Bedürfnis
	Heinrich Kraut, Dortmund	Über die Deckung des Nährstoffbedarfs in Westdeutschland
90	*Edgar Rößger, Berlin*	Zur Analyse der auf angebotene tkm umgerechneten Verkehrsaufwendungen und Verkehrserträge im Luftverkehr
	Günther Ulbricht, Oberpfaffenhofen (Obb.)	Die Funknavigationsverfahren und ihre physikalischen Grenzen
91	*Franz Wever, Düsseldorf*	Das Schwert in Mythos und Handwerk
	Ernst Hermann Schulz, Dortmund	Über die Ergebnisse neuerer metallkundlicher Untersuchungen alter Eisenfunde und ihre Bedeutung für die Technik und die Archäologie

92	*Hermann Schenck, Aachen*	Wertung und Nutzung der wissenschaftlichen Arbeit am Beispiel des Eisenhüttenwesens
93	*Oskar Löbl, Essen*	Streitfragen bei der Kostenberechnung des Atomstroms
	Frederic de Hoffmann, Los Alamos	Ein neuer Weg zur Kostensenkung des Atomstroms. Das amerikanische Hochtemperaturprojekt (NTGR)
	Rudolf Schulten, Mannheim	Die Entwicklung des Hochtemperaturreaktors
94	*Gunther Lehmann, Dortmund*	Die Einwirkung des Lärms auf den Menschen
	Franz Josef Meister, Düsseldorf	Geräuschmessungen an Verkehrsflugzeugen und ihre hörpsychologische Bewertung
96	*Herwart Opitz, Aachen*	Technische und wirtschaftliche Aspekte der Automatisierung
	Joseph Mathieu, Aachen	Arbeitswissenschaftliche Aspekte der Automatisierung
97	*Stephan Prager, Düsseldorf*	Das deutsche Luftbildwesen
	Hugo Kasper, Heerbrugg (Schweiz)	Die Technik des Luftbildwesens
98	*Karl Oberdisse, Düsseldorf*	Aktuelle Probleme der Diabetesforschung
	H. D. Cremer, Gießen	Neue Gesichtspunkte zur Vitaminversorgung
99	*Hans Schwippert, Düsseldorf*	Über das Haus der Wissenschaften und die Arbeit des Architekten von heute
	Volker Aschoff, Aachen	Über die Planung großer Hörsäle
100	*Raymond Cheradame, Paris*	Aufgaben und Probleme des Instituts für Kohleforschung in Frankreich — Anforderungen an den wissenschaftlichen Nachwuchs in der Forschung und seine Ausbildung
	Marc Allard, St. Germain-en Laye	Das Institut für Eisenforschung in Frankreich und seine Probleme in der Eisenforschung
101	*Reimar Pohlman, Aachen*	Die neuesten Ergebnisse der Ultraschallforschung in Anwendung und Ausblick auf die moderne Technik
	E. Ahrens, Kiel	Schall und Ultraschall in der Unterwassernachrichtentechnik
102	*Heinrich Hertel, Berlin*	Grundlagenforschung für Entwurf und Konstruktion von Flugzeugen
103	*Franz Ollendorff, Haifa*	Technische Erziehung in Israel
104	*Hans Ferdinand Mayer, München*	Interkontinentale Nachrichtenübertragung mittels moderner Tiefseekabel und Satellitenverbindungen
105	*Wilhelm Krelle, Bonn*	Gelöste und ungelöste Probleme der Unternehmensforschung
	Horst Albach, Bonn	Produktionsplanung auf der Grundlage technischer Verbrauchsfunktionen
106	*Lord Hailsham, London*	Staat und Wissenschaft in einer freien Gesellschaft
108	*André Voisin, Frankreich*	Über die Verbindung der Gesundheit des modernen Menschen mit der Gesundheit des Bodens
	Hans Braun, Bonn	Standort und Pflanzengesundheit
109	*Alfred Neuhaus, Bonn*	Höchstdruck-Hochtemperatur-Synthesen, ihre Methoden und Ergebnisse
	Rudolf Tschesche, Bonn	Chemie und Genetik
111	*Sir Basil Schonland, Harwell*	Einige Gesichtspunkte über die friedlichen Verwendungsmöglichkeiten der Atomenergie
112	*Wilhelm Fucks, Aachen*	Über Arbeiten zur Hydromagnetik elektrisch leitender Flüssigkeiten, über Verdichtungsstöße und aus der Hochtemperaturplasmaphysik
	Hermann L. Jordan, Jülich	Erzeugung von Plasma hoher Temperatur durch magnetische Kompression
113	*Friedrich Becker, Bonn*	Vier Jahre Radioastronomie an der Universität Bonn
	Werner Ruppel, Rolandseck	Große Richtantennen
114	*Bernhard Rensch, Münster*	Gedächtnis, Abstraktion und Generalisation bei Tieren

AGF-G
Heft Nr.   GEISTESWISSENSCHAFTEN

1   *Werner Richter †, Bonn*   Von der Bedeutung der Geisteswissenschaften für die Bildung
                                         unserer Zeit

     Joachim Ritter, Münster   Die Lehre vom Ursprung und Sinn der Theorie bei Aristoteles

2   *Josef Kroll, Köln*   Elysium
     Günther Jachmann, Köln   Die vierte Ekloge Vergils

3   *Hans Erich Stier, Münster*   Die klassische Demokratie

4   *Werner Caskel, Köln*   Lihyan und Lihyanisch. Sprache und Kultur eines früharabischen
                                         Königreiches

5   *Thomas Ohm, O. S. B.†, Münster*   Stammesreligionen im südlichen Tanganjika-Territorium

6   *Georg Schreiber, Münster*   Deutsche Wissenschaftspolitiker von Bismarck bis zum Atom-
                                         wissenschaftler Otto Hahn

7   *Walter Holtzmann, Bonn*   Das mittelalterliche Imperium und die werdenden Nationen

8   *Werner Caskel, Köln*   Die Bedeutung der Beduinen in der Geschichte der Araber

9   *Georg Schreiber, Münster*   Irland im deutschen und abendländischen Sakralraum

10   *Peter Rassow †, Köln*   Forschungen zur Reichs-Idee im 16. und 17. Jahrhundert

11   *Hans Erich Stier, Münster*   Roms Aufstieg zur Weltmacht und die griechische Welt

12   *Karl Heinrich Rengstorf, Münster* Mann und Frau im Urchristentum
     Hermann Conrad, Bonn   Grundprobleme einer Reform des Familienrechtes

13   *Max Braubach, Bonn*   Der Weg zum 20. Juli 1944. Ein Forschungsbericht

15   *Franz Steinbach, Bonn*   Der geschichtliche Weg des wirtschaftenden Menschen in die
                                         soziale Freiheit und politische Verantwortung

16   *Josef Koch, Köln*   Die Ars coniecturalis des Nikolaus von Kues

17   *James B. Conant, USA*   Staatsbürger und Wissenschaftler
     Karl Heinrich Rengstorf, Münster Antike und Christentum

19   *Fritz Schalk, Köln*   Das Lächerliche in der französischen Literatur des Ancien Régime

20   *Ludwig Raiser, Tübingen*   Rechtsfragen der Mitbestimmung

21   *Martin Noth, Bonn*   Das Geschichtsverständnis der alttestamentlichen Apokalyptik

22   *Walter F. Schirmer, Bonn*   Glück und Ende der Könige in Shakespeares Historien

23   *Günther Jachmann, Köln*   Der homerische Schiffskatalog und die Ilias (erschienen als
                                         wissenschaftliche Abhandlung)

24   *Theodor Klauser, Bonn*   Die römische Petrustradition im Lichte der neuen Ausgra-
                                         bungen unter der Peterskirche

25   *Hans Peters, Köln*   Die Gewaltentrennung in moderner Sicht

28   *Thomas Ohm, O.S.B.†, Münster*   Die Religionen in Asien

29   *Johann Leo Weisgerber, Bonn*   Die Ordnung der Sprache im persönlichen und öffentlichen
                                         Leben

30   *Werner Caskel, Köln*   Entdeckungen in Arabien

31   *Max Braubach, Bonn*   Landesgeschichtliche Bestrebungen und historische Vereine im
                                         Rheinland

32   *Fritz Schalk, Köln*   Somnium und verwandte Wörter in den romanischen Sprachen

33   *Friedrich Dessauer, Frankfurt*   Reflexionen über Erbe und Zukunft des Abendlandes

34   *Thomas Ohm, O.S.B.†, Münster*   Ruhe und Frömmigkeit. Ein Beitrag zur Lehre von der Missi-
                                         onsmethode

35   *Hermann Conrad, Bonn*   Die mittelalterliche Besiedlung des deutschen Ostens und das
                                         Deutsche Recht

36   *Hans Sckommodau, Köln*   Die religiösen Dichtungen Margaretes von Navarra

37   *Herbert von Einem, Bonn*   Der Mainzer Kopf mit der Binde

38   *Joseph Höffner, Münster*   Statik und Dynamik in der scholastischen Wirtschaftsethik

39   *Fritz Schalk, Köln*   Diderots Essai über Claudius und Nero

40   *Gerhard Kegel, Köln*   Probleme des internationalen Enteignungs- und Währungsrechts

41   *Johann Leo Weisgerber, Bonn*   Die Grenzen der Schrift – Der Kern der Rechtschreibreform

43   *Theodor Schieder, Köln*   Die Probleme des Rapallo-Vertrags. Eine Studie über die
                                         deutsch-russischen Beziehungen 1922–1926

44   *Andreas Rumpf, Köln*   Stilphasen der spätantiken Kunst

45	*Ulrich Luck, Münster*	Kerygma und Tradition in der Hermeneutik Adolf Schlatters
46	*Walther Holtzmann, Bonn*	Das deutsche historische Institut in Rom
	Graf Wolff Metternich, Rom	Die Bibliotheca Hertziana und der Palazzo Zuccari zu Rom
47	*Harry Westermann, Münster*	Person und Persönlichkeit als Wert im Zivilrecht
49	*Friedrich Karl Schumann †, Münster*	Mythos und Technik
52	*Hans J. Wolff, Münster*	Die Rechtsgestalt der Universität
54	*Max Braubach, Bonn*	Der Einmarsch deutscher Truppen in die entmilitarisierte Zone am Rhein im März 1936. Ein Beitrag zur Vorgeschichte des zweiten Weltkrieges
55	*Herbert von Einem, Bonn*	Die „Menschwerdung Christi" des Isenheimer Altares
56	*Ernst Joseph Cohn, London*	Der englische Gerichtstag
57	*Albert Woopen, Aachen*	Die Zivilehe und der Grundsatz der Unauflöslichkeit der Ehe in der Entwicklung des italienischen Zivilrechts
58	*Parl Kerényi, Ascona*	Die Herkunft der Dionysosreligion nach dem heutigen Stand der Forschung
59	*Herbert Jankuhn, Göttingen*	Die Ausgrabungen in Haithabu und ihre Bedeutung für die Handelsgeschichte des frühen Mittelalters
60	*Stephan Skalweit, Bonn*	Edmund Burke und Frankreich
62	*Anton Moortgat, Berlin*	Archäologische Forschungen der Max-Freiherr-von-Oppenheim-Stiftung im nördlichen Mesopotamien 1955
63	*Joachim Ritter, Münster*	Hegel und die französische Revolution
66	*Werner Conze, Heidelberg*	Die Strukturgeschichte des technisch-industriellen Zeitalters als Aufgabe für Forschung und Unterricht
67	*Gerhard Hess, Bad Godesberg*	Zur Entstehung der „Maximen" La Rochefoucaulds
69	*Ernst Langlotz, Bonn*	Der triumphierende Perseus
70	*Geo Widengren, Uppsala*	Iranisch-semitische Kulturbegegnung in parthischer Zeit
71	*Josef M. Wintrich †, Karlsruhe*	Zur Problematik der Grundrechte
72	*Josef Pieper, Münster*	Über den Begriff der Tradition
73	*Walter T. Schirmer, Bonn*	Die frühen Darstellungen des Arthurstoffes
74	*William Lloyd Prosser, Berkeley*	Kausalzusammenhang und Fahrlässigkeit
75	*Johann Leo Weisgerber, Bonn*	Verschiebung in der sprachlichen Einschätzung von Menschen und Sachen (erschienen als wissenschaftliche Abhandlung)
76	*Walter H. Bruford, Cambridge*	Fürstin Gallitzin und Goethe. Das Selbstvervollkommnungsideal und seine Grenze
77	*Hermann Conrad, Bonn*	Die geistigen Grundlagen des Allgemeinen Landrechts für die preußischen Staaten von 1794
78	*Herbert von Einem, Bonn*	Asmus Jacob Carsten, Die Nacht mit ihren Kindern
79	*Paul Gieseke, Bad Godesberg*	Eigentum und Grundwasser
80	*Werner Richter †, Bonn*	Wissenschaft und Geist in der Weimarer Republik
81	*Leo Weisgerber, Bonn*	Sprachenrecht und europäische Einheit
82	*Otto Kirchheimer, New York*	Gegenwartsprobleme der Asylgewährung
83	*Alexander Knur, Bad Godesberg*	Probleme der Zugewinngemeinschaft
84	*Helmut Coing, Frankfurt*	Die juristischen Auslegungsmethoden und die Lehren der allgemeinen Hermeneutik
85	*André George, Paris*	Der Humanismus und die Krise der Welt von heute
86	*Harald von Petrikovits, Bonn*	Das römische Rheinland. Archäologische Forschungen seit 1945
87	*Franz Steinbach, Bonn*	Ursprung und Wesen der Landgemeinde nach rheinischen Quellen
88	*Jost Trier, Münster*	Versuch über Flußnamen
89	*C. R. van Paassen, Amsterdam*	Platon in den Augen der Zeitgenossen
90	*Pietro Quaroni, Rom*	Die kulturelle Sendung Italiens
91	*Theodor Klauser, Bonn*	Christlicher Märtyrerkult, heidnischer Heroenkult und spätjüdische Heiligenverehrung
92	*Herbert von Einem, Bonn*	Karl V. und Tizian
93	*Friedrich Merzbacher, München*	Die Bischofsstadt
94	*Martin Noth, Bonn*	Die Ursprünge des alten Israel im Lichte neuer Quellen

95	*Hermann Conrad, Bonn*	Rechtsstaatliche Bestrebungen im Absolutismus Preußens und Österreichs am Ende des 18. Jahrhunderts
96	*Helmut Schelsky, Münster*	Der Mensch in der wissenschaftlichen Zivilisation
97	*Joseph Höffner, Münster*	Industrielle Revolution und religiöse Krise. Schwund und Wandel des religiösen Verhaltens in der modernen Gesellschaft
98	*James Boyd, Oxford*	Goethe und Shakespeare
99	*Herbert von Einem, Bonn*	Das Abendmahl des Leonardo da Vinci
100	*Ferdinand Elsener, Tübingen*	Notare und Stadtschreiber. Zur Geschichte des schweizerischen Notariats
102	*Ahasver v. Brandt, Lübeck*	Die Hanse und die nordischen Mächte im Mittelalter
103	*Gerhard Kegel, Köln*	Die Grenze von Qualifikation und Renvoi im internationalen Verjährungsrecht
104	*Heinz-Dietrich Wendland, Münster*	Der Begriff Christlich-sozial. Seine geschichtliche und theologische Problematik

AGF-WA
Band Nr.

WISSENSCHAFTLICHE ABHANDLUNGEN

1	*Wolfgang Priester, Hans-Gerhard Bennewitz und Peter Lengrüßer, Bonn*	Radiobeobachtungen des ersten künstlichen Erdsatelliten
2	*Leo Weisgerber, Bonn*	Verschiebungen in der sprachlichen Einschätzung von Menschen und Sachen
3	*Erich Meuthen, Marburg*	Die letzten Jahre des Nikolaus von Kues
4	*Hans-Georg Kirchhoff, Rommerskirchen*	Die staatliche Sozialpolitik im Ruhrbergbau 1871–1914
5	*Günther Jachmann, Köln*	Der homerische Schiffskatalog und die Ilias
6	*Peter Hartmann, Münster*	Das Wort als Name (Struktur, Konstitution und Leistung der benennenden Bestimmung)
7	*Anton Moortgat, Berlin*	Archäologische Forschungen der Max-Freiherr-von-Oppenheim-Stiftung im nördlichen Mesopotamien 1956
8	*Wolfgang Priester und Gerhard Hergenhahn, Bonn*	Bahnbestimmung von Erdsatelliten aus Doppler-Effekt-Messungen
9	*Harry Westermann, Münster*	Welche gesetzlichen Maßnahmen zur Luftreinhaltung und zur Verbesserung des Nachbarrechts sind erforderlich?
10	*Hermann Conrad und Gerd Kleinheyer, Bonn*	Carl Gottlieb Svarez (1746–1798) – Vorträge über Recht und Staat
11	*Georg Schreiber, Münster*	Die Wochentage im Erlebnis der Ostkirche und des christlichen Abendlandes
12	*Günther Bandmann, Bonn*	Melancholie und Musik. Ikonographische Studien
13	*Wilhelm Goerdt, Münster*	Fragen der Philosophie. Ein Materialbeitrag zur Erforschung der Sowjetphilosophie im Spiegel der Zeitschrift „Voprosy Filosofii" 1947–1956
14	*Anton Moortgat, Berlin*	Tell Chuēra in Nordost-Syrien. Vorläufiger Bericht über die Grabung 1958
15	*Gerd Dicke, Krefeld*	Der Identitätsgedanke bei Feuerbach und Marx
16a	*Helmut Gipper, Bonn und Hans Schwarz, Münster*	Bibliographisches Handbuch zur Sprachinhaltsforschung, Teil I (Erscheint in Lieferungen)
17	*Thea Buyken, Bonn*	Das römische Recht in den Constitutionen von Melfi
18	*Lee E. Farr, Brookhaven, Hugo Wilhelm Knipping, Köln, und William H. Lewis, New York*	Nuklearmedizin in der Klinik. Symposion in Köln und Jülich unter besonderer Berücksichtigung der Krebs- und Kreislaufkrankheiten
19	*Hans Schwippert, Düsseldorf Volker Aschoff, Aachen, u. a.*	Das Karl-Arnold-Haus. Haus der Wissenschaften der AGF des Landes Nordrhein-Westfalen in Düsseldorf. Planungs- und Bauberichte (Herausgegeben von Leo Brandt, Düsseldorf)

20   *Theodor Schieder, Köln*   Das deutsche Kaiserreich von 1871 als Nationalstaat
21   *Georg Schreiber, Münster*   Der Bergbau in Geschichte, Ethos und Sakralkultur
22   *Max Braubach, Bonn*   Die Geheimdiplomatie des Prinzen Eugen von Savoyen
23   *Walter F. Schirmer, Bonn und Ulrich Broich, Göttingen*   Studien zum Literarischen Patronat im England des 12 Jahrhunderts
24   *Anton Moortgat, Berlin*   Tell Chuēra in Nordost-Syrien. Vorläufiger Bericht über die dritte Grabungskampagne 1960

SONDERVERÖFFENTLICHUNGEN

Aufgaben Deutscher Forschung, zusammengestellt und herausgegeben von *Leo Brandt*

> Band 1 Geisteswissenschaften · Band 2 Naturwissenschaften Band 3 Technik · Band 4 Tabellarische Übersicht zu den Bänden 1—3

Festschrift der Arbeitsgemeinschaft für Forschung des Landes Nordrhein-Westfalen zu Ehren des Herrn Ministerpräsidenten *Karl Arnold* anläßlich des fünfjährigen Bestehens am 5. Mai 1955.